智慧物聯網

4P程式指南

CAVEDU教育團隊
許鈺莨、趙偉伶

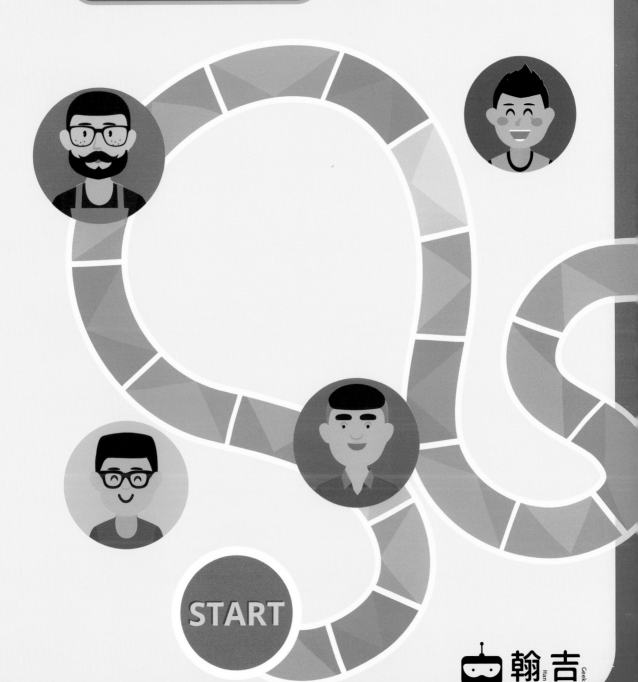

START

翰吉
Han Geek

CAVEDU 教育團隊簡介

http://www.cavedu.com

CAVEDU，帶您從 0 到 0.1 ！

　　CAVEDU 教育團隊是由一群對教育充滿熱情的大孩子所組成的科學教育團隊，積極推動國內之機器人教育，業務內容包含技術研發、出版書籍、研習培訓與設備販售。

　　團隊宗旨在於以讓所有有心學習的朋友皆能取得優質的服務與課程。本團隊已出版多本樂高機器人、Arduino、Raspberry Pi 與物聯網等相關書籍，並定期舉辦研習會與新知發表，期望帶給大家更豐富與多元的學習內容。

CAVEDU 全系列網站

課程介紹

研究專題

系列叢書

活動快報

目錄

LinkIt 7697 開發板

　　LinkIt 7697 是聯發科技（MTK, MEDIATEK）針對物聯網應用所推出的開發板。它基於 MT7697 系統單晶片，具有含浮點運算的 ARM Cortex-M4 微控制器，並整合了 802.11b/g/n Wi-Fi 無線網路與 Bluetooth 4.2 低功耗藍牙。聯發科技為了降低進入物聯網應用與創作門檻，推出了圖形化的程式編輯器 BlocklyDuino，更適合剛開始接觸程式設計的朋友們使用。再搭配聯發科技提供的免費雲平台 MCS（線上版）和 MCSLite（離線版，開源），就可以快速學習和實作整套互動式物聯網應用。

模組	wrtnode^7 (wrtnode.com)
晶片	MT7697 Cortex-M4 with FPU @ 192Mhz
RAM	352 KB
快閃記憶體	4 MB
Wi-Fi	802.11 b/g/n (2.4G)
Bluetooth	4.2 LE
外觀尺寸	48x26 mm
作業電壓	3v3
輸入電壓	5v (microUSB)
USB2UART	CP2102N
周邊介面	GPIO x18 、UART x2 、I2C x1 、SPI x1、PWM x18、EINT x4、ADC x4 (0~2.5V)、IrDA x1、I2S x1
除錯介面	SWD x1
主要軟體支援	BlocklyDuino、Arduino、FreeRTOS 與 Microlattice.js

參考資料：

◎ https://docs.labs.mediatek.com/linkit-7697-blocklyduino/linkit-7697-12880255.html

◎ LinkIt 7697，https://www.robotkingdom.com.tw/product/linkit-7697/

RK 物聯網擴充板 -RK IOT EX Shield

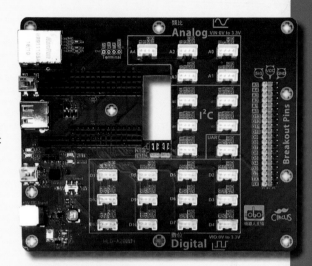

　　此擴充板為 CAVEDU 教育團隊與 iC Shopping 聯名推出，方便使用者搭配聯發科 LinkIt 系列開發板以學習或建置各式物聯網系統應用。

擴充板功能：

◎支援 LinkIt Smart 7688 Duo、LinkIt 7697 兩種開發板。

◎可使用外部供電，搭配 5V1A 變壓器。

◎內建 USB TTL 功能，可進行遠端連線控制。

◎安裝孔位搭配樂高積木，組裝更方便。

◎ USB host 接頭，可連接隨身碟或 Webcam 等 USB 裝置（需搭配 LinkIt Smart 7688 Duo）。

◎相容於 Circus、Seeed Grove 接頭、DFRobot 3Pin 排線相關感測器。

外觀尺寸	138 mm X 144 mm	
重量	88g	
外部供電	5V 1A	
工作電壓	5V	
Grove 數位連接埠	12 個	D2 ～ 13
Grove 類比連接埠	5 個	A0 ～ 5
Grove I2C 連接埠	5 個	D8、D9
3Pin 排插連接埠	20 組	
RJ-45 網路連接埠	1 個	限定 LinkIt 7688 Duo
USB 轉 TTL	1 個	限定 LinkIt 7688 Duo miniUSB 接頭
USB HOST 接頭	1 個	限定 LinkIt 7688 Duo USB Type-A

參考資料：

◎ https://www.robotkingdom.com.tw/product/rk-iot-ex-shield/

焊接注意事項：

　　焊接是利用電源將焊槍加熱，焊槍溫度高達 400 多度，具有危險性。所以使用焊槍前必須十分注意，請家長、老師或有焊接經驗的人陪同操作。

◎焊接材料包括焊錫、海綿、焊槍、護目鏡、口罩。

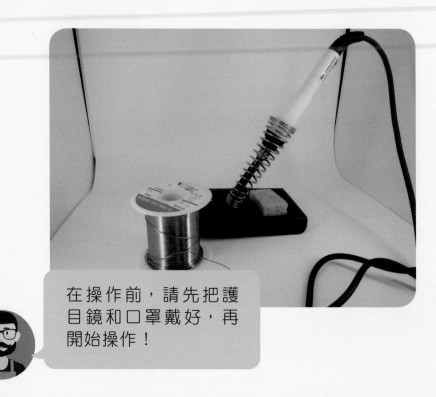

在操作前，請先把護目鏡和口罩戴好，再開始操作！

◎將海綿沾溼，清理焊槍。

為甚麼要把焊接頭清潔乾淨呢？

因為焊槍上黑色的固體是氧化物，氧化物會讓焊錫不容易焊到物體上，所以需要將焊槍清潔乾淨，讓焊接更順利！

要怎麼樣清潔焊接頭呢？

拿出一小段焊料（長度約1公分），使用焊槍的尖端加熱，接著在海綿上來回擦拭，就可以讓焊接頭閃亮又乾淨了。

1. 使用焊槍時，桌面
   必須保持乾淨，除
   了焊接的物品和焊
   槍之外，其他的物
   品都需要移除。

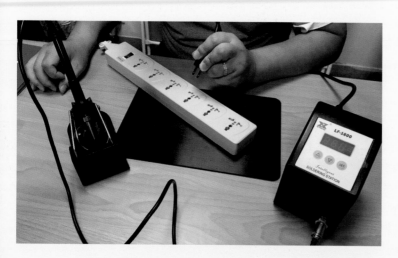

2. 需要離開焊槍 5 秒
   鐘以上，請把焊槍的
   電源拔掉，以免忘記
   拔掉電源，碰觸導致
   受傷。

3. 剛焊接完的物品請
   千萬不要碰觸，因
   為物品可能還正在
   高溫狀態，碰觸可
   能會燙傷！

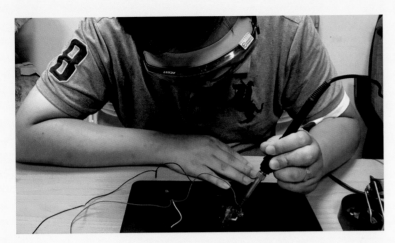

4. 焊接時請務必要配
   戴護目鏡,並保持
   場地的通風順暢。

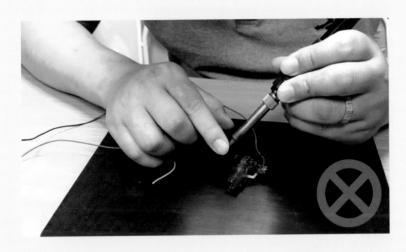

5. 焊接時,手不要太
   靠近焊槍,以免手
   被燙傷。

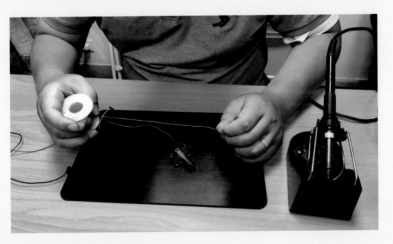

6. 焊接時,當焊錫變短
   時,請務必記得放下
   焊槍,然後將焊錫拉
   長。

準備好，我們要展開物聯網大冒險了！

可以玩到什麼呢？

　　寫過程式嗎？像是用 Scratch 來做製作自己的遊戲或是動畫，或是使用 LEGO EV3 或是 mBot 打造自己的機器人系統呢？其實，寫程式有非常多不同的功用，這本書的目的是協助大家透過 LinkIt 7697，搭配一些基本的電子元件跟感測器，加上自己寫的程式，賦予我們的創作品具有智慧，再讓它們連接上網路，成為廣大網際網路中一員，打造自己的雲端服務，聽起來超酷的吧！就請跟著我們，一起透過這本書，來一場物聯網的大冒險！

什麼是物聯網？

　　您可能會想問？剛剛我們一直提到物聯網，到底物聯網是什麼啊？過去我們在網際網路上所瀏覽的內容，不論是文字、圖片、音樂、影片或是小遊戲……等，都是由其他的「人」所提供的。

　　我們希望未來的世界，環境中的各種裝置、物品，其智慧程度越來越高，讓「物」透過網路，依照我們所建立的規範和方式（其實就是寫程式啦），彼此相互溝通、做出決定、予以實行，並適時地通知「人」。

　　就像哈利波特世界中的家庭小精靈，能在不打擾主人的情況下，默默地讓我們的日常生活維持高品質的運作。

　　就先舉我們第六章「智慧電風扇」為例子，一般的電風扇需要我們自己去啟動或關閉，並調整它的轉速等運作功能；但是連接上網路的智慧電風扇，就可以透過雲端服務網站，在很遠、很遠的地方就可以控制它，也可以讓這台電風扇自己去感覺房屋內的溫度，然後調整風速跟風向，是不是很厲害呢？

要怎麼開始展開我們的物聯網大冒險呢？

　　「有好多新的觀念、名詞，我不太懂耶！」沒有關係，我們在後續的章節都會一點一點、慢慢跟大家解釋。在展開物聯網大冒險之前，請先在自己的電腦上，安裝好一個名叫「BlocklyDuino」的程式編輯器，這樣之後寫程式就會非常方便，但是要怎麼裝呢？

一起動動腦

第一步： 下載 BlocklyDuino

請　到　https://github.com/MediaTek-Labs/BlocklyDuino-for-LinkIt/releases，下載最新的 BlocklyDuino。如果您的電腦是 32 位元，請選擇檔名後面為 -win32 的版本；如果是 64 位元，就選擇選擇檔名後面為 -win64 的來下載，本書使用 64 位元版本。

第二步： 安裝 BlocklyDuino

安裝之前需要先解壓縮，可以使用免費的 7-zip（下載網址：https://www.7-zip.org/）來把檔案解壓縮。7-zip 的網址就像下面的圖，請依照自己的電腦是 32 位元或是 64 位元來

下載。在解壓縮的時候，有一個重點需要特別注意，就是 BlocklyDuino 軟體放在電腦裡面的路徑越短越好喔！最好解壓縮在根目錄下面，也就是「C:\」。

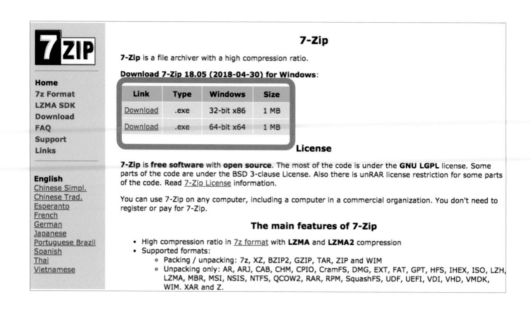

解壓縮完成之後，應該就可以看到 BlocklyDuino3 的資料夾裡面，有一個 BlocklyDuino.exe 的檔案，點擊它就可以開啟軟體囉！

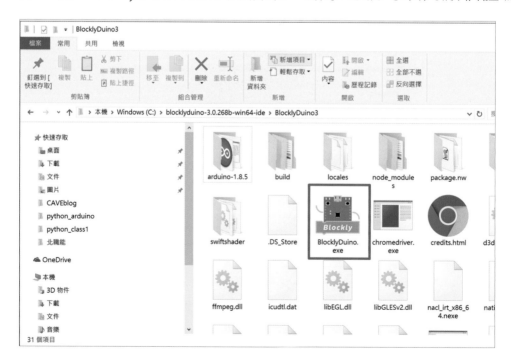

第三步： 下載並且安裝 USB-UART 驅動程式

接著要下載並安裝一個 CP2102N 驅動程式，CP2102N 是 LinkIt 7697 開發板上的一塊晶片，那我們就是透過這個晶片來連接電腦，所以需要安裝 CP2102N 驅動程式，才可以讓 LinkIt 7697 開發板與電腦溝通。

下載的地方在這裡：https://cn.silabs.com/products/development-tools/software/usb-to-uart-bridge-vcp-drivers。請根據自己電腦 Windows 作業系統的版本來下載，常用的有 Window 10/8.1/8/7，如果這部分不太了解的話，請向老師或爸媽請教。

适用于 Windows 10 Universal (v10.1.3) 的下载

平台	软件	发行说明
Windows 10 Universal	下载 VCP (2.3 MB)	下载 VCP 修订历史

下载适用于 Windows 7/8/8.1/ (v6.7.6) 的版本

平台	软件	发行说明
Windows 7/8/8.1/	下载 VCP (5.3 MB)（默认）	下载 VCP 修订历史
Windows 7/8/8.1/	下载包含序列详情的 VCP (5.3 MB) 了解更多 »	下载 VCP 修订历史

第四步： 請用一條 micro-USB 線，將 LinkIt 7697 開發板接上電腦。

如果看到板子上的 PWR LED 有亮起來的話，就表示 LinkIt 7697 開發板有正確啟動喔！請參考下面的圖片：

第五步：選擇 COM Port

為了要測試 LinkIt 7697 開發板有沒有問題，我們要選擇 LinkIt 7697 所連接的 COM Port。請把 LinkIt 7697 按照上一步的方式連接上電腦，然後打開剛剛安裝的 BlocklyDuino，用滑鼠點選右上方的 COM Port 選單，然後找到 COM 4。請大家注意，每台電腦給予 LinkIt 7697 的 COM Port 號碼不一定相同，但通常是由 COM 3 開始。

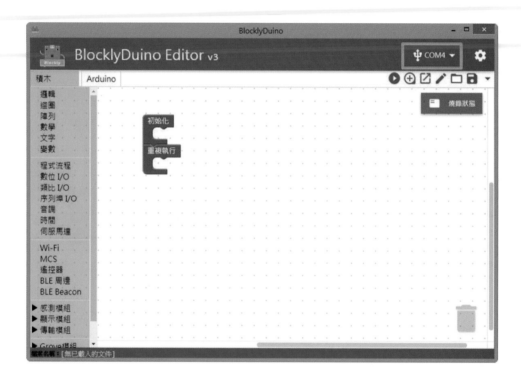

什麼是 COM Port 呢？

COM Port 是外部裝置跟電腦之間的溝通管道（關於 COM Port 的查詢，請參考這一篇後面的「小知識」）。如果我們把剛剛連接上的 LinkIt 7697 拔掉，就會發現 COM 4 就消失了，但是再把 LinkIt 7697 接上去，COM 4 又出現了。

對耶，好特別喔，那這代表了什麼意思呢？

這代表如果我們用不一樣的開發板，就會有不一樣的號碼出現喔！
接下來我們來認識一下 BlocklyDuino 的基本操作

BlockyDuino 都裝好了，接下來要做什麼事情呢？

我也想要知道！

對於程式初學者來說，可以從圖形化介面的程式開發工具開始嘗試，對於程式的架構與開發流程比較有心得之後，再接觸文字式的程式編輯軟體進行創作，如此循序漸進，事半功倍喔！

BlocklyDuino 有兩個頁面,第一個「積木」頁面是讓我們在程式積木頁面拖拉積木;第二個是在「Arduino」頁面中,讓我們觀看剛剛拖拉好的積木,產生出什麼樣的程式碼。

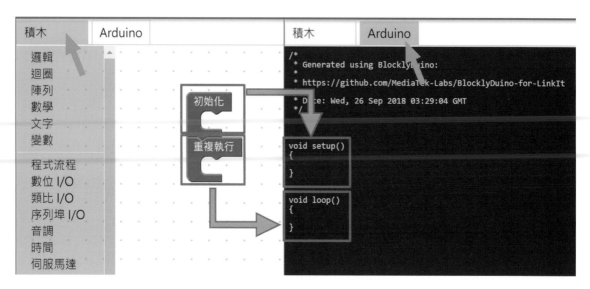

BlocklyDuino 兩種不同的程式頁面

BlocklyDuino 的程式積木有哪些種類呢？

大致上有四種程式積木：

◎ 如果想要處理最基本的程式邏輯，我們可以用「程式語言積木」。

◎ 假如想要控制馬達、LED……等各式各樣的東西時，可以用「Arduino 基礎控制積木」。

◎ 那如果想要聯網、用藍牙、使用雲端服務……等等，可以用「聯網功能積木」。

◎ 如果要使用其他的感測器，就要用「其他擴充積木」。

來認識一下基礎的程式流程

我已經認識四種程式積木了，要怎麼開始使用這些程式積木呢？

在 BlocklyDuino 最開始的程式積木頁面上，會有兩個積木：「初始化」和「重複執行」。如果這個時候我們打開 Arduino 頁面，就會看到 setup() 和 loop()。

那「初始化」和「重複執行」代表了什麼意思呢？

放在「初始化」裡面的程式積木,只會被執行「一次」;而放在「重複執行」裡面的程式積木,則會被反覆不斷執行。

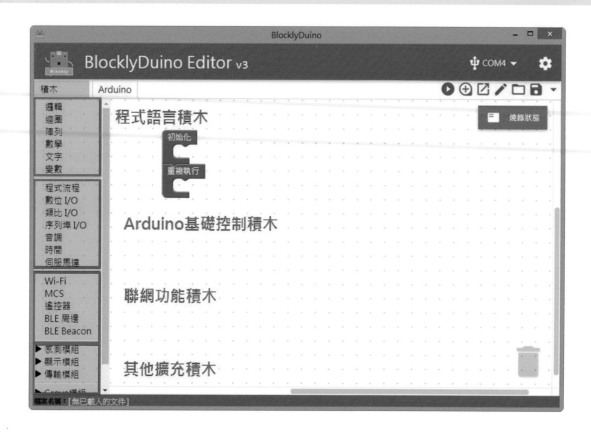

基本的程式積木操作方式

介紹幾種基本的程式積木操作方式,請大家試著拉拉看積木:

◎新增功能積木:從左邊的積木區,拖拉程式積木出來到空白頁面。需要特別注意的是,程式會按照積木的順序從上往下去執行。

◎新增參數積木:積木除了可以用選的以外,也可以拿其他的積木填進去,所以要特別注意看積木的顏色,像「數字」積木就是藍色,「字串」積木就是綠色。

◎可變動積木：有些積木上會有一個「星星」，點選「星星」可以
更改這個積木的功能。

為什麼有的時候積木接上去會自己彈開呢？

若是資料的型態不一樣的時候，是會接不上去
的，程式積木就會彈開。比如說，我們要將剛
剛提到的「藍色數字積木」接到「綠色字串積
木」時，積木就會被彈開。因為積木的操作方
式比較複雜一點點，若是沒有辦法順利的拉
積木，可以到 BlocklyDuino 網站上，觀看動
態的圖片學習喔！網址：https://docs.labs.
mediatek.com/linkit-7697-blocklyduino/
blocklyduino-12879598.html

編輯器上好像還有其他按鈕，是有其他的功能嗎？

沒錯喔！ BlocklyDuino 編輯器還有許多其他的
功能，之後再一一跟大家介紹。

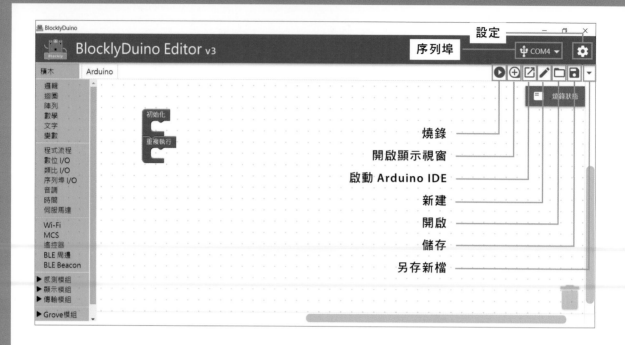

BlocklyDuino 的編輯器還有哪些功能呢？

◎ **新建：** 打開一個新的頁面（還記得嗎？新的頁面上只會有「初始化」和「重複執行」兩個程式積木，之前頁面上的積木都會不見喔！）

◎ **開啟：** 打開一個以前存起來的專案。

◎ **儲存：** 將目前編輯的專案存起來。

◎ **設定：** 可以切換成不同的語言，比如說英文，或是打開「自動儲存」等等的功能喔。

◎ **另存新檔：** 按下「儲存」旁的▼（倒三角形），即可看到「另存新檔」選項。功能為將頁面上的內容，存起來成為另外一個專案。

一起動動腦

YA！我的第一個程式：Hello World

終於可以開始拉積木、寫程式囉！趕快來試一試吧！

第一步：從左邊的「序列埠 I/O」和「時間」抽屜裡面拉出程式
積木，輸出「Hello World」，然後按一下右上方的「編
譯＋上傳」按鈕。

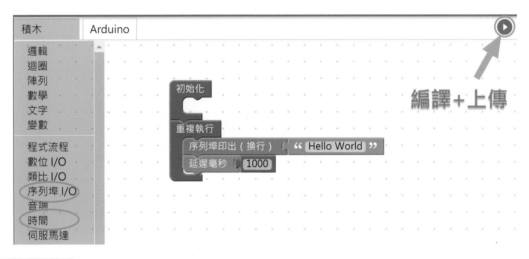

第二步：這個時候，可以看到一個「編譯＋上傳」正在進行中的
動畫，也可以點開燒錄狀態，看看執行的記錄。

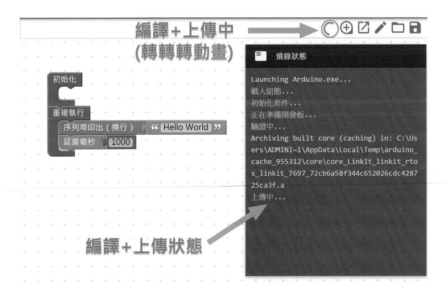

第三步：上傳完成以後，程式就會自動執行。請按上面的「開啟監控視窗」按鈕，就可以看到每一秒顯示出一個「Hello World」。

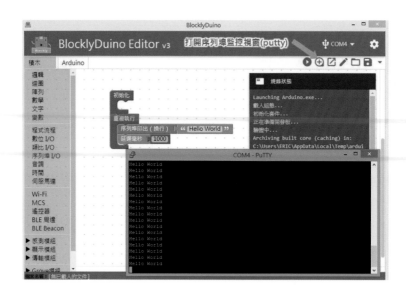

準備好要進行物聯網大冒險了嗎？

學了這麼多，覺得很充實喔！

　　現在，各方面都已經準備好了，從下一章開始，我們就要開始好玩又有趣的物聯網大冒險，請先稍微休息一下，然後，準備翻開下一章喔！

　　獲得第一手的使用密技，請參考聯發科技創意實驗室的線上資源 https://docs.labs.mediatek.com/linkit-7697-blocklyduino/，跟 CAVEDU 技術部落格的相關文章 http://blog.cavedu.com/?s=linkit7697，保證您的資訊不落伍。

小知識

COM 4 是怎麼來的？

　　COM 4 是由電腦決定的裝置通訊編號，這個編號不一定會是 4 號，我們可以到「裝置管理員」找到 Linkit7697 和電腦溝通的地方。以下會教大家怎麼樣找到「裝置管理員」（以 Win10 的版本為例）：

第一步：滑鼠游標先移到左下角的「開始」，再按一下滑鼠右鍵，點選「裝置管理員」。

第二步：開啟「裝置管理員」，如果有自動抓到 COM Port 就會顯示在「連接埠（COM 和 LPT）」之下，如下圖：

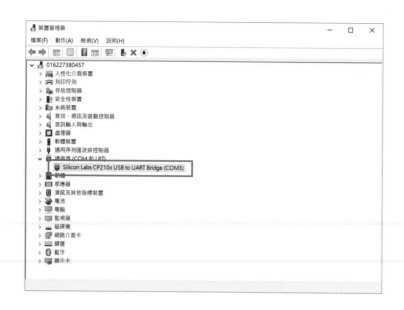

第三步： 開啟 BlockyDuino 軟體，到右上角的「COM?」選單中找到
「COM3」。選擇「COM3」後，Linkit 7697 就可以和電腦
溝通囉！

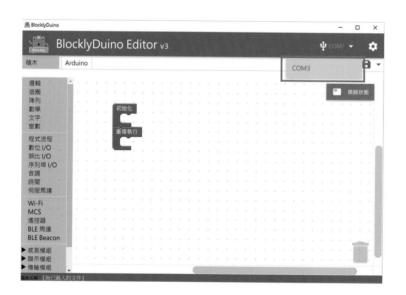

但是如果在「裝置管理員」出現黃色三角形該怎麼辦呢？

這時候就需要手動安裝驅動程式了，以 blocklyduino-3.0.268b-win64-ide 這個版本為例子，步驟如下：

第一步： 到「裝置管理員」，在黃色三角形的裝置按下滑鼠右鍵，
選擇「更新驅動程式」。

第二步： 選擇第二個選項「瀏覽電腦上的驅動程式軟體」。

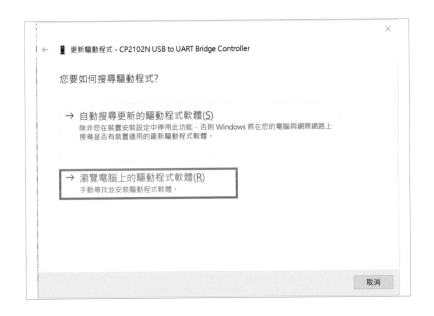

第三步： 按下「瀏覽」。

第四步： 路徑在 C:\ blocklyduino-3.0.268b-win64-ide，尋找到
BlocklyDuino3 的資料夾，再按下「確定」。

第五步： 選擇完畢，按「下一步」。

第六步：已經成功更新驅動程式囉，請按下「關閉」就完成了。

筆記欄

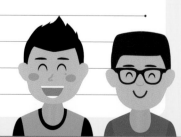

第一章

好涼快喔！
自己動手做一個電風扇

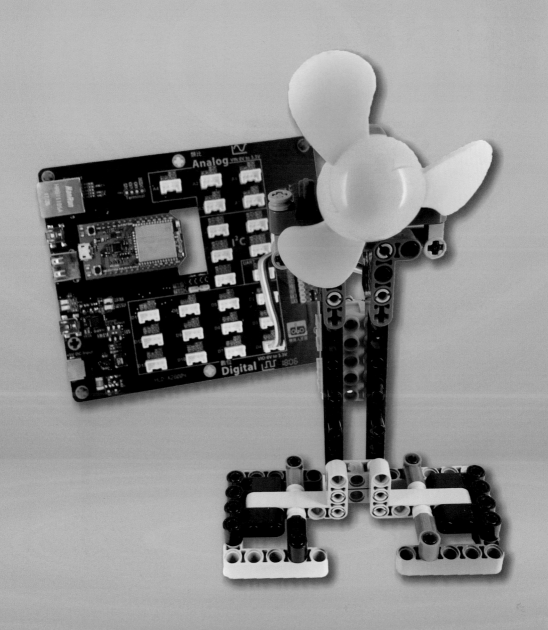

好涼快喔！自己動手做一個電風扇

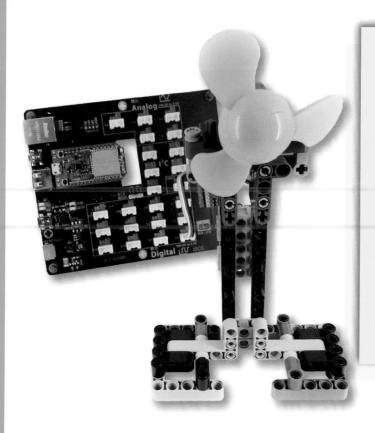

需要用到什麼材料呢？

材料：

◎ Linklt 7697 開發板，1 片

◎ Micro USB 線，1 條

◎ RK IoT EX Shield 擴充板，1 片

◎ Grove– 迷你電扇，1 顆

◎ 樂高積木

這一章的重點

　　這一個章節要讓大家認識直流馬達，還有利用按鈕控制直流馬達，使直流馬達啟動或停止，我們也會用到一個小視窗來看看馬達當時的狀況。

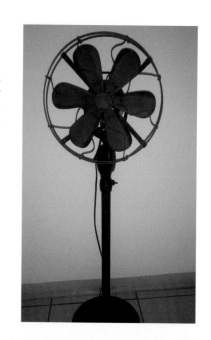

直流馬達是什麼呢？

直流馬達裡面有磁鐵、轉子、碳刷…等東西。當馬達的正極和負極連接上電源時，就會產生磁場，讓轉子一直向同一個方向旋轉。

那如果馬達的正、負極和電池接相反了呢？會發生什麼事呢？

馬達會朝向另一個方向旋轉，像是抽排風機就是運用這個原理來切換抽 / 排風功能的。

喔～我懂了～我懂了～

　　但是，大家要注意的是，直流馬達有一定的電壓限制，不可以超過否則會燒壞馬達，所以大家要特別注意馬達的電壓限制，像這一章所用的 Grove– 迷你電扇，輸入的電壓限制就是 3.3 伏特。

─一起動動手─

　　請把下圖控制板上洞比較小的那一邊接上 Grove- 迷你電扇（直流馬達）。在這裡，大家要注意一下，如果發現插不進去就不要硬插，換一個方向就好了，不然接頭可能會壞掉喔！

Grove 迷你電扇（直流馬達）　　　　　　**接上 RK IoT EX Shield 擴充板**

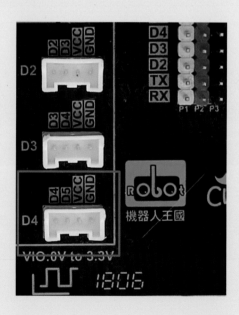

　　再把另外一邊的接頭，接到 RK IoT EX Shield 擴充板快速接頭數位區的 D4 腳位。

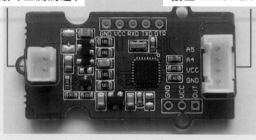

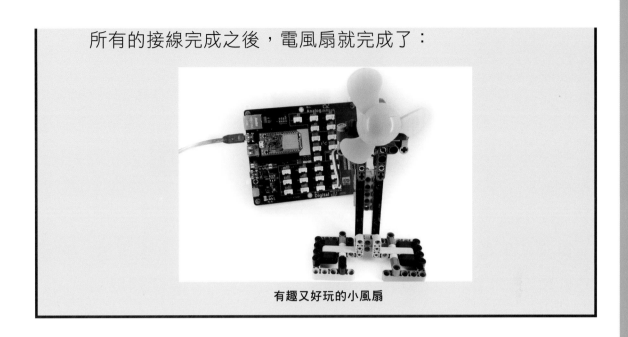

所有的接線完成之後，電風扇就完成了：

有趣又好玩的小風扇

讓直流馬達轉動

我們的第一個程式練習，是要讓直流馬達轉動。

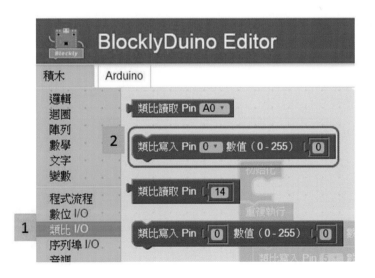

請大家到【類比 I/O】分類中，找到第二個「類比寫入」積木。積木上的 Pin 選 4，然後在數字的欄位寫上 255，這會讓馬達全速運轉。

再來按下像撥放鍵的符號來上傳程式。請注意，按下後，必須要看見「The board reboots now」這段英文，才算燒錄成功。

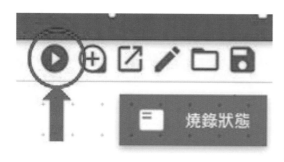

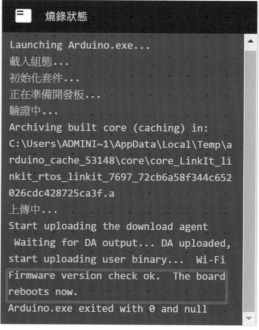

馬達有沒有開始轉動了呢？很棒吧！

如果我覺得馬達轉得太快了，想讓它轉慢一點的話，該怎麼做呢？

請在「類比寫入」積木上的數字欄位，改為任何一個比 255 小的數字就可以囉。

那如果小風扇發生問題而沒有轉動的話，要怎麼找出問題呢？我該怎麼辦？

解決問題前，要先找出問題在哪裡，這個時候就需要「序列埠監控視窗」，來協助我們辨別是硬體還是軟體的問題，請大家繼續往下看吧！

序列埠監控視窗

第一步：在【序列埠I/O】裡有「序列埠印出」和「序列埠印出（換行）」的兩塊積木。

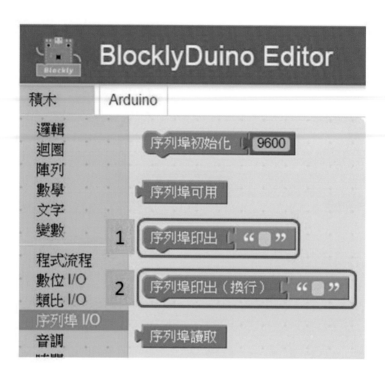

第二步：新增一個「序列埠印出」積木，然後在文字欄位裡寫「開啟風扇」。

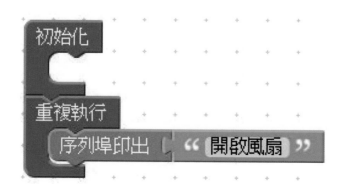

第三步：重新上傳程式碼之後，按下加號的圖標，就可以看出來顯示的文字了。

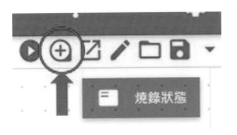

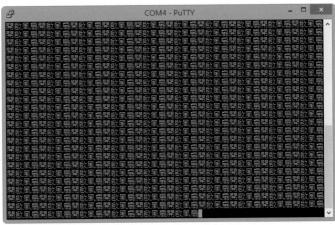

　　有沒有發現顯示出來的字是一大串字，往橫的方向，黏在一起都沒有斷掉呢？這樣不知道句子要從哪裡開始讀，會造成讀起來有點困難，但是應該怎麼做呢？如果換成「序列埠印出（換行）」積木呢？讓我們一起試試看！

　　因為這塊積木有換行，所以可以很清楚閱讀一行行的文字，讀起來就比較方便。

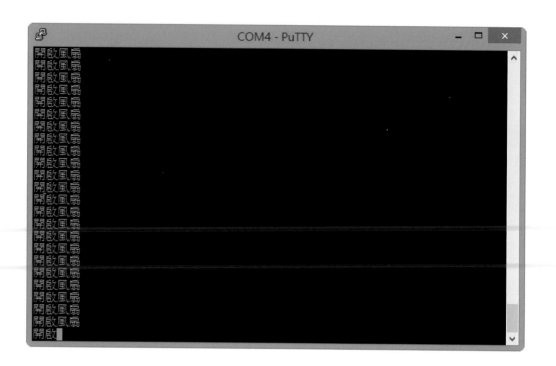

經過前面的練習，我們就可以用「序列埠印出（換行）」的積木顯示現在小風扇的情形了！

我已經可以讓直流馬達轉動，又可以顯示出文字，那如果我想要自行控制馬達轉動或停止，是不是要另外再接一個開關呢？我該怎麼做？

不用擔心， LinkIt 7697 開發板裡就有一顆按鈕可以做到這件事，讓我來跟大家做介紹吧！

使用者自定義按鈕 USR（P6）

我們先介紹 LinkIt 7697 開發板有一個「使用者自定義按鈕 USR（P6）」（這是一個專有名詞，請大家先記起來），我們可以用「自定義按鈕 USR」直接控制風扇，所以我們就不需要再另外連接一個開關。

USR 按鈕連到了 P6 腳位，也可以把它當成是一般的按鈕來使用喔。

一起動動手

讓小風扇轉一轉

按鈕第一次按下去之後，小風扇就開始轉動；再次按下按鈕之後，小風扇就停下來了。

我們用按鈕控制小風扇，在 BlocklyDuino 程式中，我們會用「布林值」決定小風扇是否轉動。

什麼是「布林值」？為什麼用到它呢？

因為布林值有兩種數值，就是「真」和「否」，而「真」和「否」正好能代表按鈕的數位輸入「1」（表示開）和「0」（表示關），所以這裡要使用布林值。

　按鈕是屬於數位輸入元件，所以要用到布林值的積木，布林值積木在積木抽屜的【變數】分類中可找到：

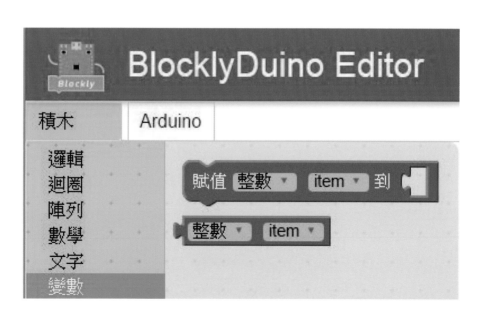

把「整數」改成「布林值」：

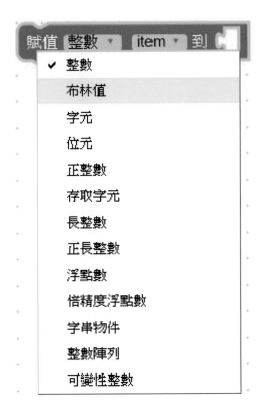

再把變數「item」的名字改成「fan」：

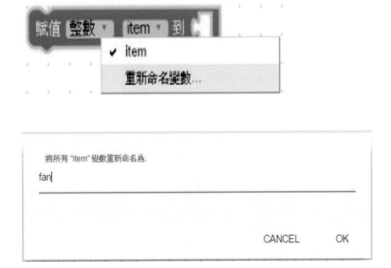

在欄位的【邏輯】把「真」拉出，可以選擇把「真」或「否」
放進缺口內：

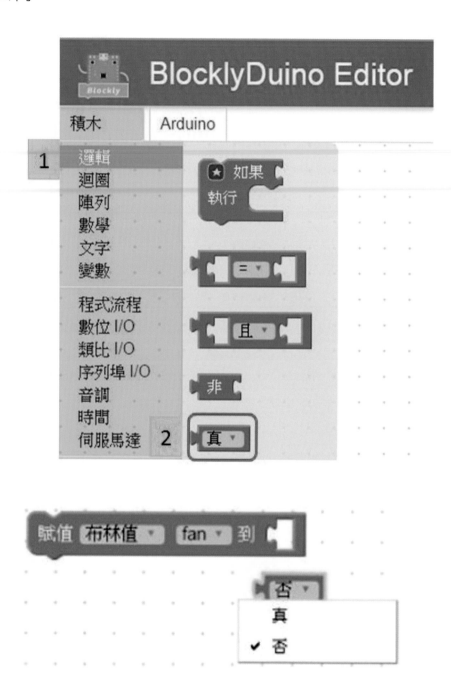

前面說明過，我們使用「自定義按鈕 USR」，也就是 P6 腳位，所以請到【數位 I/O】分類中，找到「數位讀取 Pin」積木，然後選擇 Pin6。

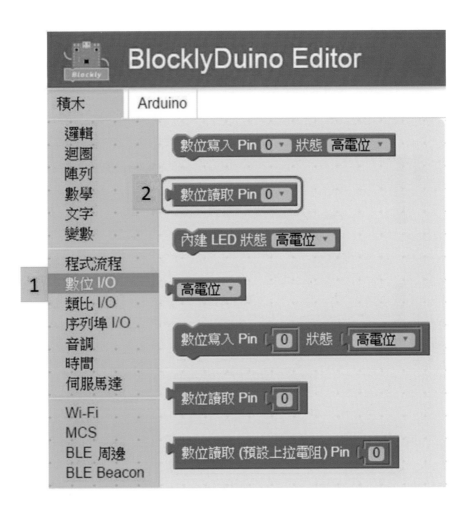

最後還有一個很重要的積木，就是「如果…執行」，和前面提到「真」積木是在同一個【邏輯】分類裡，它可以檢查我們所設定的狀況有沒有發生，如果發生了，就會執行其中的內容。

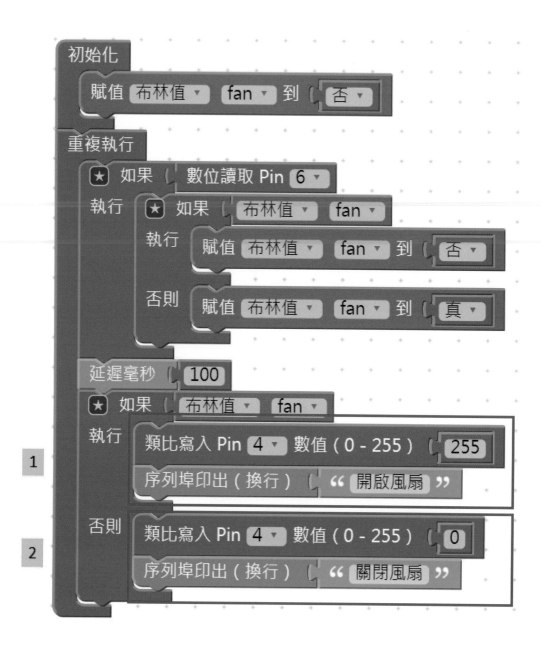

1

2

為什麼要在這裡加上延遲 100 毫秒呢？

因為程式運行的速度很快，我們認為只按下一次按鈕，但程式中可能已經讀取到好幾次的按下狀態了。為了讓程式不會誤判，讓風扇照我們的期望動作，才要加上延遲 100 毫秒，程式在這段時間內就不會重複讀取按鈕狀態了。

剛開始的時候小風扇是停止的，然後程式開始讀取第六號腳位的狀態：

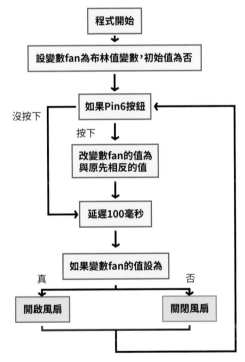

程式開始

設變數fan為布林值變數，初始值為否

如果Pin6按鈕

沒按下

按下

改變數fan的值為與原先相反的值

延遲100毫秒

如果變數fan的值設為

真　　　　　　　否

開啟風扇　　　　關閉風扇

哇！好有趣喔，我可以控制小風扇了耶！

換你試試看

1. 裝上其他感測器來控制風扇的開關。

✏ 筆記欄

第二章

碰！碰！碰！電流急急棒

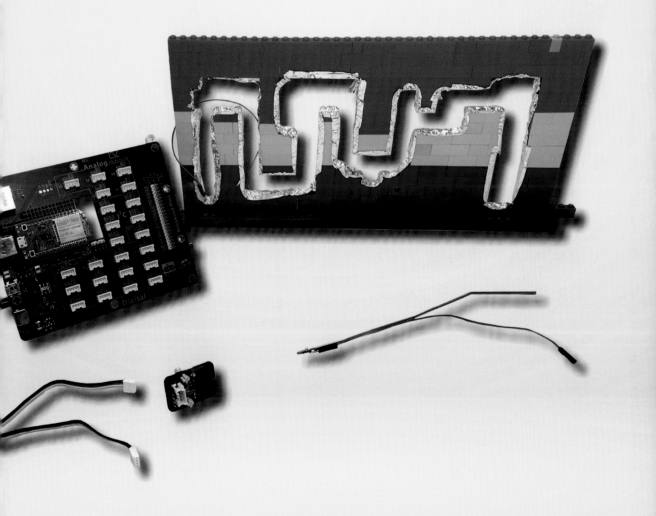

碰！碰！碰！電流急急棒

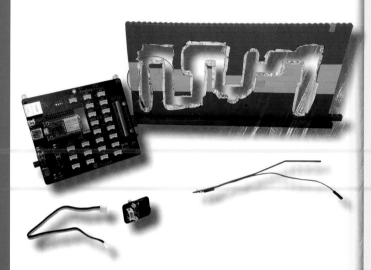

需要用到什麼道具和材料呢？

材料：

◎ LinkIt 7697 開發板，1 塊
◎ RK IoT EX Shield 擴充板，1 塊
◎ 公母杜邦線，數條
◎ 公公杜邦線，數條
◎ 鐵絲長度 3cm，1 條
◎ 樂高積木
◎ Micro USB 線，1 條
◎ Grove 蜂鳴器，1 個
◎ 鋁箔紙，1 捲

道具：

◎ 剝線鉗
◎ 焊槍
◎ 護目鏡
◎ 焊槍支架
◎ 海綿或鐵絲（焊接使用）
◎ 焊錫
◎ 雷切機（可自行設計外殼就不需要
◎ 斜口鉗
◎ 口罩

這一章的重點

　　這一次我們要做的是電流急急棒，當鐵棒碰到軌道時會發出音樂聲，也可以透過寫程式改變不同的音樂聲，或是發出尖銳的聲音，讓人嚇一大跳。可以跟家人玩或朋友一起比賽，看誰的手比較穩。

我一定比你厲害，一下子就可以闖關闖過了。

阿～失敗了！但音樂好好聽～。

一起動動手

電流急急棒是由鐵棒和軌道組成，我們要先做這兩個部分，再看看如何用程式與電流急急棒互動。

1. 製作鐵棒

第一步：拿出斜口鉗，剪下適合長度的鐵棒。

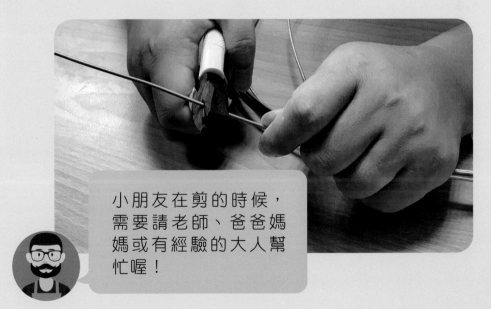

小朋友在剪的時候，需要請老師、爸爸媽媽或有經驗的大人幫忙喔！

第二步：將鐵棒其中一邊用尖嘴鉗夾彎成和一元硬幣大小般的圓，彎愈大電流急急棒的難度愈高喔。

第三步：用夾子將公母杜邦線要焊接的地方夾緊。

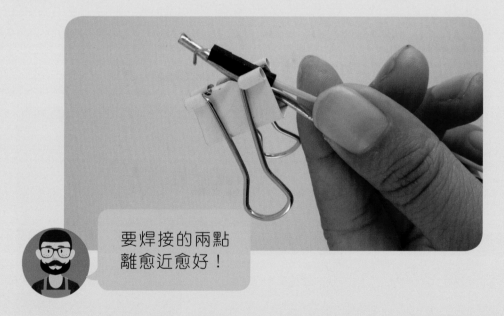

要焊接的兩點
離愈近愈好！

第四步：將焊接墊放在桌上，並開始加熱焊槍，等溫度足夠後，拿焊槍將焊錫溶解，沾在要焊接的兩點。

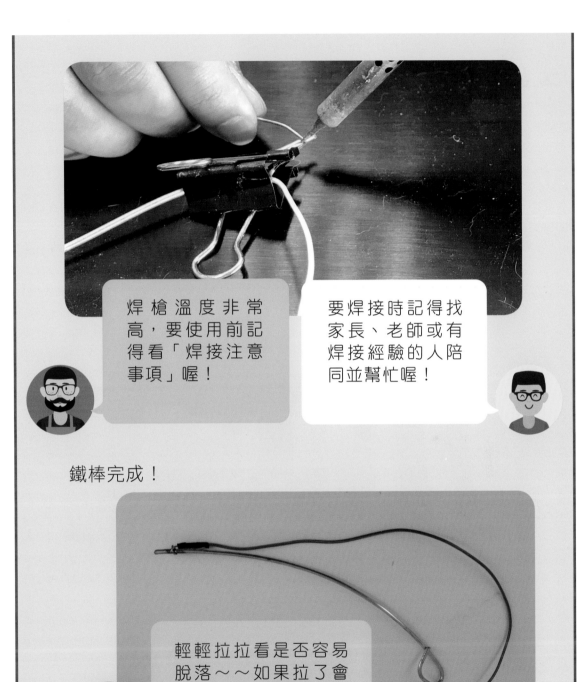

焊槍溫度非常高，要使用前記得看「焊接注意事項」喔！

要焊接時記得找家長、老師或有焊接經驗的人陪同並幫忙喔！

鐵棒完成！

輕輕拉拉看是否容易脫落～～如果拉了會脫落就表示焊接沒焊好！

2. 製作軌道

　　接著，我們利用樂高積木塊打造自己喜歡的軌道，並用鋁箔紙將軌道周圍，包起來錫箔紙要連再一起，並將其中一片鋁箔紙焊上杜邦線。

第一步：用樂高積木塊拼出喜歡的軌道，記得軌道要留寬一點不然會難度太高。

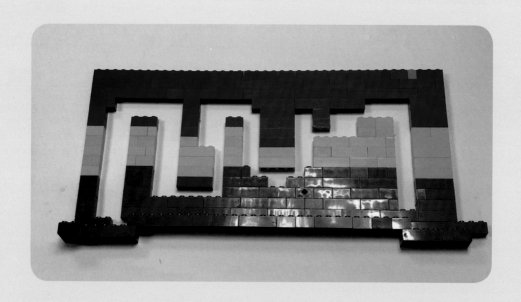

第二步：將一片鋁箔紙焊上杜邦線

　　　　焊接時記得使用鋁箔粗糙面來焊接，才比較焊得上去。還有桌上記得要鋪焊接墊，不然桌子會變成坑坑疤疤的。

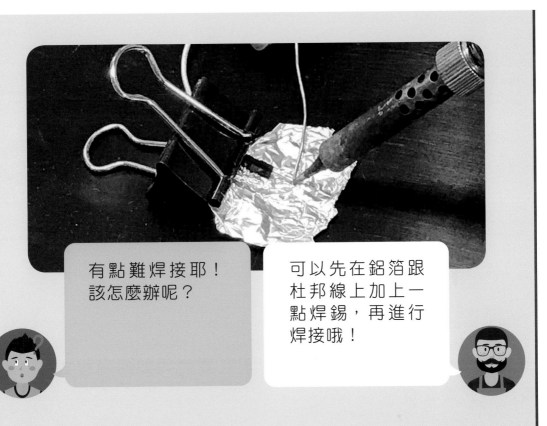

有點難焊接耶！
該怎麼辦呢？

可以先在鋁箔跟
杜邦線上加上一
點焊錫，再進行
焊接哦！

第三步：軌道包滿鋁箔紙

鋁箔紙是為了讓電路通電，因為積木是塑膠做的
不能導電，所以我們用鋁箔紙讓它們通電。

這樣就完成了！好興奮～可以玩了嗎？

還不行～沒有蜂鳴器就不會響了！

一起動動腦

電流急急棒外觀部分完成了，現在要說明如何寫程式產生音樂聲，一起來看看吧！

1. 了解鐵棒跟軌道的接線，還有當兩者接觸程式發生的變化。

第一步： 利用 RK IoT EX Shield 擴充板連接軌道跟鐵棒。其中排針接頭區（參考 RK IoT Shield 介紹）的 D2 至 D13 都可接上杜邦線母頭（沒有針那一頭）。D2 至 D13，每個都有三個接頭，SIG 信號腳位（黃）、VCC 供電腳位（紅）、GND 接地腳位。將軌道一邊連接排針接頭區 D3 的 SIG（黃），另一邊接電阻（10kΩ），再接 D3 的 GND（黑），而鐵棒連接 D3 的 VCC（紅）。

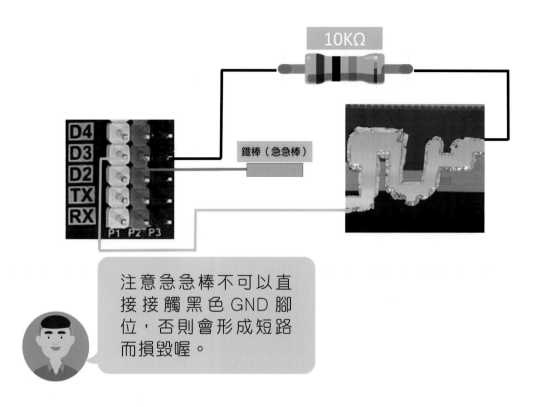

注意急急棒不可以直接接觸黑色 GND 腳位，否則會形成短路而損毀喔。

第二步： 打開 Blocklyduino，選取【序列埠 I/O】中的「序列埠印出 (換行)」指令，還有【數位 I/O】中的「數位讀取 Pin」指令。

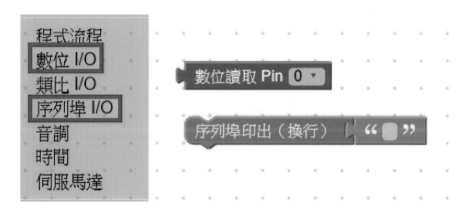

第三步： 然後按下 BlocklyDuino 加號的按鈕，透過視窗去讀取鐵棒跟軌道接觸、沒接觸的訊號值，並且持續換行。

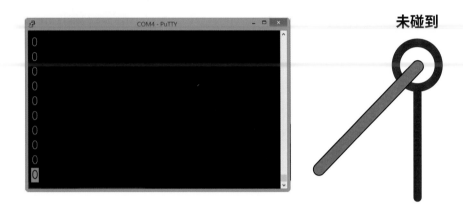

未碰到

第四步：上傳程式到 LinkIt 7697 開發板

程式燒錄後，先觀察其中不一樣的地方。讓我們先了解
鐵棒碰到軌道時，程式的顯示是甚麼？

碰到

當鐵棒接觸到軌道會顯示 1。

為什麼鐵棒碰到軌道是 1，沒碰到是 0 呢？

因為電路的訊號呈現就是「有」跟「沒有」兩種狀態，簡單來說，就是「通路」跟「斷路」的差別。

通路、斷路，有跟沒有，那為什麼會顯示 0 跟 1 呢？

因為在電腦的世界裡只看得懂 0 和 1，所以由此判斷鐵棒有沒有碰到軌道，請看表 2-1。

表 2-1

電腦訊號	電路訊號	人類認知	程式訊號
1	通路	有	真
0	斷路	沒有	否

　　我們發現電腦訊號，在鐵棒碰到和沒碰到，會有 0 跟 1 的差別。當我們接上蜂鳴器，就可以利用這個點來判斷是否要發出聲音。

2. 讓電流急急棒發出音樂聲。

　　試試看蜂鳴器吧！

第一步： 在 RK IoT EX Shield 擴充板上接上蜂鳴器。

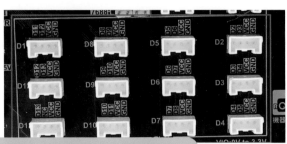

 這次蜂鳴器我們接在 Digital 數位（紅色框框）的 D2！

第二步： 要怎麼讓蜂鳴器有音樂聲呢？先來認識一下【音調】類別積木吧！

之前有提到數位訊號只有開跟關兩種選擇，類比卻有好幾種選擇。音調不是類比訊號嗎？為什麼可以接在數位腳位呢？

這是一種以數位訊號模擬類比訊號的方法，叫「PWM」，詳細解釋在第六章的第 141 至 144 頁也有提到，可以先翻過去看一看。

但是有一次拿到的蜂鳴器，只能發出一種聲音耶，為什麼呢？

這個問題問得很好，蜂鳴器有分「有源」和「無源」。有源蜂鳴器有正負極之分，只要加上電壓就會發出聲音，其音調不可改變。而無源蜂鳴器沒有正負極之分的，只要給蜂鳴器不同的頻率，就會發出不同音階的聲音喔！我們用的就是無源蜂鳴器。

音調 Pin 0 ▾ 頻率 C:Do ▾

音調 Pin 0 頻率 255 時長（毫秒） 300

【音調】類別內有兩個積木，一個裡面有 Do 至 Si 音階；另一個可自由控制其頻率，產生不同音階及控制節奏，以下為音階與頻率對照表。

音階	C（Do）	C#	D（Re）	D#	E（Mi）	F（Fa）
低	262	277	294	311	330	349
中	523	554	588	622	622	698
高	1048	1108	1176	1244	1320	196

音階	F#	G（So）	G#	A（La）	A#	B（Si）
低	370	392	415	440	464	494
中	740	784	830	880	928	988
高	1482	1568	1660	1760	1856	1976

這樣我只用簡譜，就能讓蜂鳴器發出我喜歡的音樂了！

我喜歡豆豆龍的音樂，我要讓電流急急棒播放豆豆龍的音樂。

豆豆龍音樂的譜是 Do、Re、Mi、Fa、Sol、Mi、Do、Sol、Fa、Re。

將音調積木調整為簡譜的頻率，就完成一半了。如果看了簡譜還是不知道要用哪一段，可以先用線上鋼琴模擬器 (https://virtualpiano.net/)，或是使用直笛吹吹看自己喜歡的片段。

第三步：用【音調】類別積木組出要的音樂

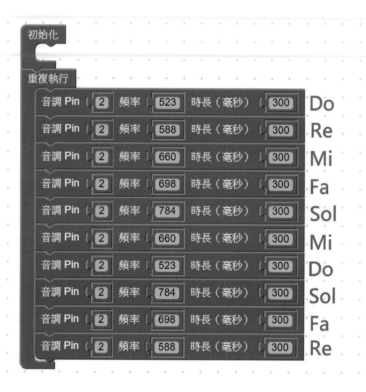

 **現在可以聽到音樂聲了嗎？**

沒有，因為程式跑得太快，這樣只會聽到有嗶的聲音！

第四步：加上「延遲毫秒」積木

程式跑得太快了，所以需要用到「延遲毫秒」積木，讓每個音符停頓一下，這樣才會聽到我們想聽到的音樂聲。

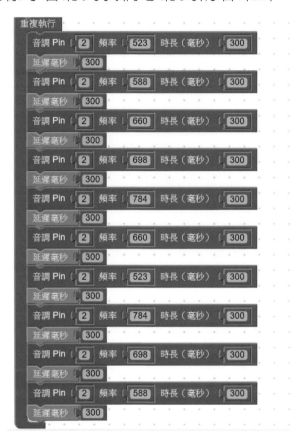

太棒了！這樣就有音樂聲了！

把音樂加入電流急急棒上面吧！

3. 將蜂鳴器音樂和電流急急棒結合

現在，讓我們把前面兩段的程式結合起來。

第一步：將 RK IoT EX Shield 擴充板用樂高積木立起來

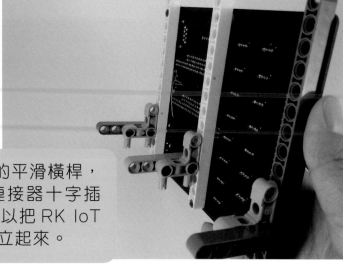

用 15 洞跟 5 洞的平滑橫桿，還有垂直插銷連接器十字插銷、插銷，就可以把 RK IoT EX Shield 板子立起來。

第二步：將電流急急棒的軌道、鐵棒和蜂鳴器，接上 RK IoT EX Shield 擴充板。

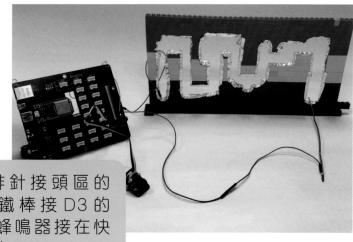

將軌道接在排針接頭區的 D3 的 GND，鐵棒接 D3 的 SIG，最後將蜂鳴器接在快速接頭數位區的 D2。

第三步：將音樂積木縮短

來把程式畫面變得更簡潔，從【迴圈】類別裡面拉出「重複次數執行」程式積木，改成重複 1 次，把原來的音樂放進去再按右鍵選【收合積木】。

重複 1 次數 執行 音調 Pin 2 頻率 523 ...

這樣好方便！

對啊！可以把寫好的程式先收起來，就不會佔據整個畫面。

第四步：加入【邏輯】類別的程式積木

當電流急急棒的鐵棒碰到軌道時，蜂鳴器會發出音樂聲。程式一開始蜂鳴器不會發出聲音，如果鐵棒碰到了軌道，等於通路時，蜂鳴器執行音樂。否則蜂鳴器不發出聲音。

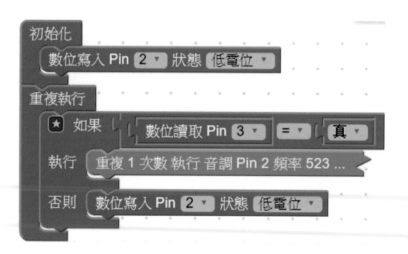

 這樣就完成了！

很棒，來加入更多功能吧！

換你試試看

在這一章，大家認識了如何用程式判斷電路的通路和斷路，學會了如何讓蜂鳴器發出音樂聲。透過製做有趣專題，讓大家更熟悉如何寫出有趣的程式！接下來，大家還可以試試看：

1. 如何讓音樂的聲音更快呢？
2. 如果換成其他首音樂，該如何安排音樂積木？

第三章

叮咚！叮咚！
自動升降的交通柵欄

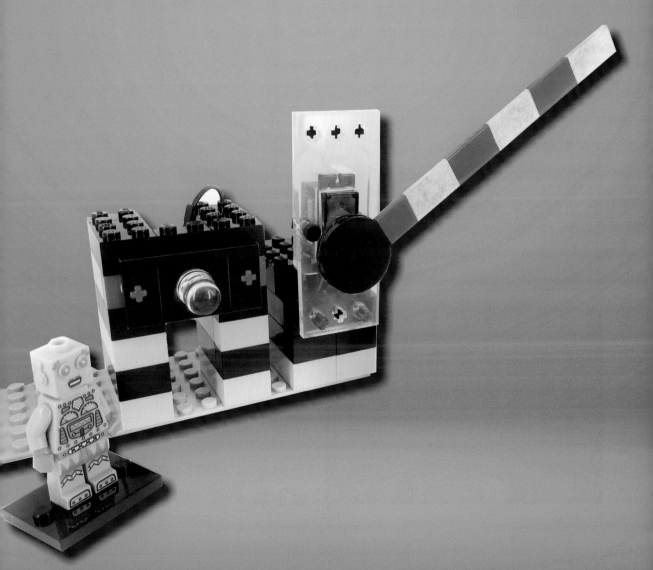

叮咚！叮咚！自動升降的交通柵欄

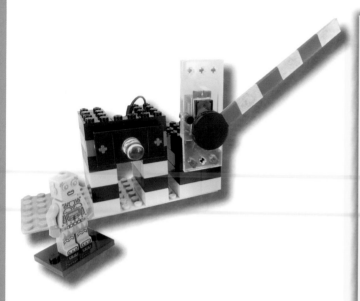

需要用到什麼道具和材料呢？

材料：

◎ LinkIt 7697 開發板，1 塊
◎ Micro USB 線，1 條
◎ RK IoT EX Shield 擴充板，1 塊
◎支援藍牙 4.0 的智慧型手機，1 支
◎ LED 燈，1 顆
◎ 220 歐姆電阻，1 個
◎ 3mm 壓克力板
◎ SG90 伺服馬達（含塑膠舵片），1 個
◎ M2 螺母，2 個
◎ M2 螺絲，2 個
◎樂高積木
◎珍珠板
◎雙面膠

道具：

◎雷射切割機
◎剪刀或美工刀

這一章的重點

大家有沒有在停車場看過像下圖的電動柵欄呢？如果沒有繳錢，電動柵欄就不會讓你的車子通過！

這一章我們會用伺服馬達做一個交通柵欄，還會帶大家以手機藍牙連線的方式，控制電動柵欄。

什麼是電動柵欄啊？

電動柵欄通常設置在停車場出入口，主要目的是控制車子的通行。

難怪有時爸爸開車到了百貨公司的停車場，等到要停車時，需要投錢或刷悠遊卡，自動柵欄才會打開？如果沒有投錢就不能通過。

沒錯！確實是這樣。

要怎麼樣才能像停車場的電動柵欄，欄杆往上升、往下放呢？

我知道！可以運用之前教過的直流馬達。

不過欄杆會不會像風扇一樣一直轉啊？而且直流馬達好像不能持續停在同一個位置。

介紹一個好東西給你們，它叫做伺服馬達。伺服馬達可以指定旋轉的角度，還能夠一直持續停在同一個角度上。

一、什麼是伺服馬達？

　　在控制伺服馬達前，我們要先對它有基本認識。伺服馬達多半被使用在遙控模型，控制模型的移動方向，例如，控制遙控飛機的尾巴改變飛行方向。因此，伺服馬達的轉動範圍是 0 至 180 度，不需像直流馬達一樣一直轉動，而是對角度有更準確的控制。

模型車前輪

　　先練習看看，怎麼樣運用伺服馬達！馬達先裝上塑膠舵片，讓塑膠舵片抬起五秒鐘，然後放下。

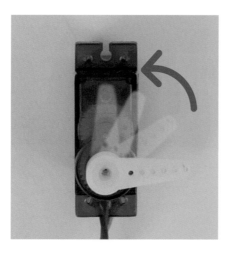 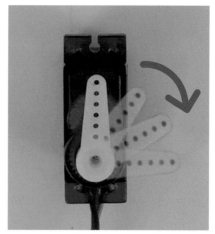

一起動動手

伺服馬達是由電源、接地、訊號三條線共同組成。

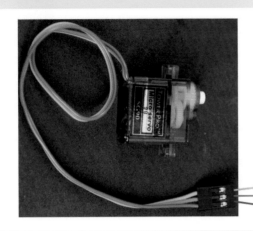

訊號線（PWM）接 SIG
電源線（VCC）
接地線 （GND）

驅動伺服馬達要使用排針接頭區，所以 RK IoT EXShield D2 至 D13 的腳位都可以接。

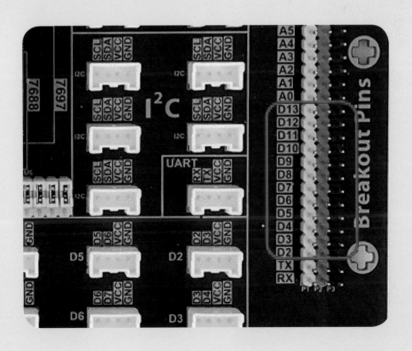

第一步：請把伺服馬達接在排針接頭區 D2 上
D2 上有三根針，分別為「SIG」、
「VCC」、「GND」。請將伺服馬達的
「訊號線」、「電源線」、「接地線」
依序接上。

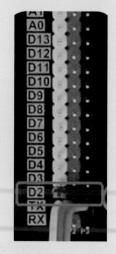

二、製作柵欄

1. 用珍珠板製做

如果沒有壓克力，也可以用珍珠板製做。用剪刀或美工刀，
裁出長條型當作柵欄，再用雙面膠貼至馬達附的塑膠墊片上。

2. 用雷射切割的檔案製做

本章，我們也提供檔案，讓大家可利用雷射切製做柵欄。
以下是組裝說明：

第一步：將伺服馬達電線穿過凸字型壓克力內，再將整顆
伺服馬達放入槽內。

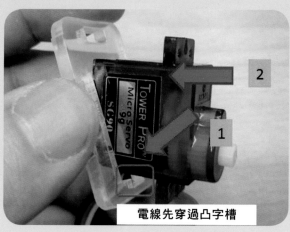

電線先穿過凸字槽

第二步：將另一塊口字型壓克力板穿過伺服馬達的頭，兩
塊壓克力板便可夾住伺服馬達的耳朵。

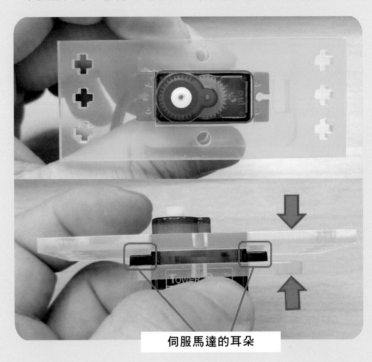

伺服馬達的耳朵

第三步：將兩片壓克力板以 M2 螺絲鎖住，讓伺服馬達固定。

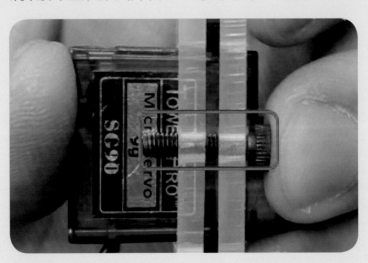

第四步：拿 M2 螺帽將螺絲鎖緊

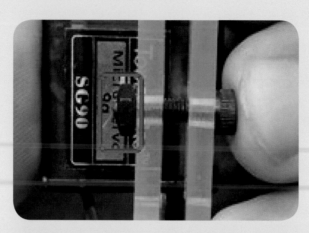

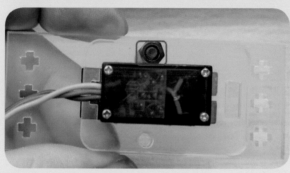

第五步：重複第四步將另一邊也鎖緊

第六步：結合樂高十字軸插銷。以靠近伺服馬達電線為內側，十字軸插銷由內側向外側插入壓克力（這裡需要用點力）。

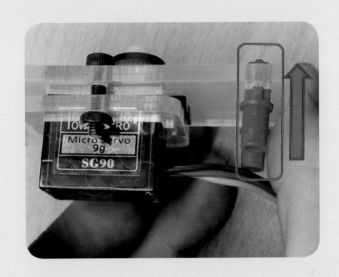

第七步：在內側，十字軸插銷接上三個洞的凸點橫桿。

第八步：利用紅色和白色膠帶，分段纏繞長條狀的壓克力，
作為柵欄。

第九步：將紅白柵欄貼在馬達的「塑膠舵片」上

第十步:牢固後,再接上伺服馬達的卡榫中。

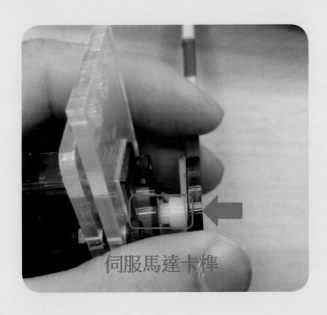

第十一步:結合樂高積木製做底座

一起動動腦

接完線後，就要開始寫程式！請打開【伺服馬達】類別，看看下圖：

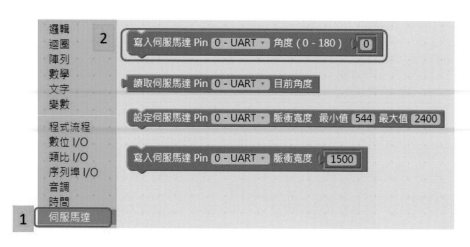

第一步：將伺服馬達轉至九十度

請到【伺服馬達】類別取出第一個積木「寫入伺服馬達 Pin…」，積木上 Pin 選 2，角度輸入 90。

上傳程式後，伺服馬達會旋轉 90 度，下面是柵欄抬起的圖片。

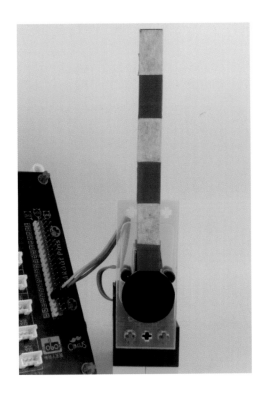

第二步：讓柵欄抬起五秒鐘後，放下柵欄。

　　柵欄抬起時候，伺服馬達是 90 度。但經過五秒後，柵欄放下，伺服馬達是 0 度。

　　下圖是放下柵欄時，角度為 0 度的圖片。

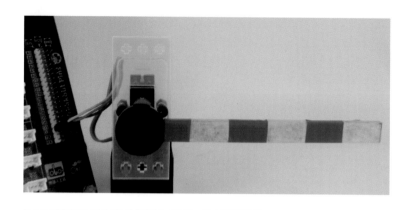

┌─一起動動手─

可以延伸接 LED 燈（USR 位置），幫交通柵欄增添號誌喔！
請看下圖：

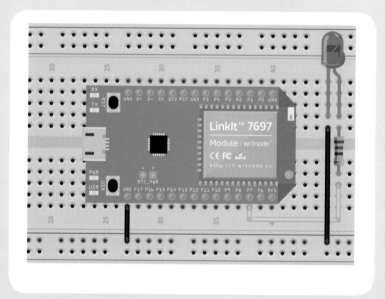

兩條黑線直接接在一起，兩條紅線直接接在一起。

藍牙連線的介紹

LinkIt 7697 開發板，有一種不用電線便可溝通的功能，這個功

能叫做「藍牙連線」。藍牙連線可用在電腦的鍵盤、滑鼠或聽音樂的耳機，甚至可當成汽車或摩托車的鑰匙。

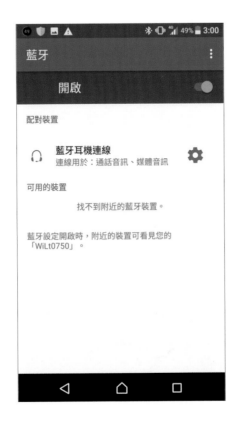

　　我們也可以利用手機控制 LinkIt 7697 開發板的 LED 燈和馬達，或是收取感測器回傳的數字。

哇～ LinkIt 7697 開發板可以做好多事情喔，居然還有藍牙耶！

真等不及想做出自己的交通柵欄了！

一起動動腦

接著我們將會使用一個手機程式叫作「LinkIt Remote」，它可以用來跟 LinkIt7697 開發板連線，而連線的方式則是前面提過的「藍牙連線」。

請先下載 LinkIt Remote 手機程式，如果是 iOS 請至「App Store」；Android 請至「Google Play」下載，搜尋關鍵字 LinkIt Remote，找到圖示並下載至手機。

初始化設計手機的版面

建立一個遙控器，寬度為 3，高度為 5，並更改名稱「My Remote」

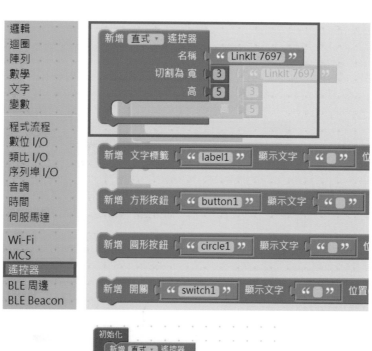

你也可以參考下圖，先在紙上畫出格線並放置想要的元件。

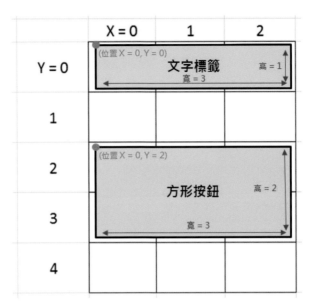

圖片來源：https://docs.labs.mediatek.com/linkit-7697-blocklyduino/e01-led-12883452.html

　　新增要加上去的控制元件，在（0,0）的位置加入文字標籤，在（0,2）的位置加入一個圓形按鈕。

設計完手機的版面後，我們終於可以寫手機控制 LED 燈的程式了～。

沒錯，接下來要寫的程式是，用手機跟 LinkIt 7697 開發板進行的藍牙連線，並在連線成功後，手機送出整數數字來控制馬達轉動。

在重複執行裡放入「處理手機程式指令」積木，每次執行會更新最新的狀態，並加入「如果…執行…否則」積木，來判斷按鈕狀態是否改變，按下按鈕則點亮 LED；放開按鈕則關掉。

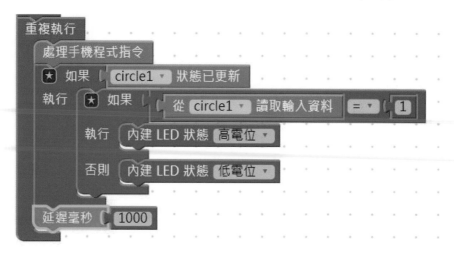

完成了控制 LED 的程式後，請打開手機上的「LinkIt Remote」，找到自己命名的藍牙裝置，此範例為「My Remote」，並點擊進去介面。

哇！好棒喔！現在可以在手機上使用了。

但實際上要怎麼使用呢？

簡單來說，就是用手機找 LinkIt 7697 的藍牙裝置，然後進行連線。

圖片來源：https://labs.mediatek.com

進入遙控器介面後，按下藍色按鈕，看看 LinkIt7697 開發板上的 LED 有沒有亮起來了呢？

圖片來源：https://labs.mediatek.com

初始化
新增 直式 ▾ 遙控器
　　　　　名稱 " My Remote "
　　　　切割為 寬 3
　　　　　　　高 5
　新增 文字標籤 " label1 " 顯示文字 " 按鈕測試 " 位置(X,Y) 0 0 大小(寬,高) 3 1 顏色 橘色 ▾
　新增 圖形按鈕 " circle1 " 顯示文字 " 按下點亮 " 位置(X,Y) 0 2 大小(寬,高) 3 2 顏色 藍色 ▾

重複執行
　處理手機程式指令
　★ 如果 circle1 ▾ 狀態已更新
　執行 ★ 如果 從 circle1 ▾ 讀取輸入資料 = ▾ 1
　　　執行 內建 LED 狀態 高電位 ▾
　　　否則 內建 LED 狀態 低電位 ▾
　延遲毫秒 1000

好酷喔！這樣就可以用手機遠端控制 LED 燈了。

沒錯，更酷的是，我們還可以進一步控制伺服馬達，讓停車場的柵欄上下移動。

遙控器控制伺服馬達

　新增控制元件，延續前面的 LED 控制，在圖形按鈕下方加入「滑桿」，並將位置改為（0,4）；大小改為（3,1）；最小值 0、最大值 180、初始值 90。

新增 文字標籤 " label1 " 顯示文字 " 馬達測試 " 位置(X,Y) 0 0 大小(寬,高) 3 1 顏色 橘色 ▾
新增 圖形按鈕 " circle1 " 顯示文字 " 按下點亮 " 位置(X,Y) 0 2 大小(寬,高) 3 1 顏色 藍色 ▾
新增 滑桿 " slider1 " 顯示文字 " 馬達 " 位置(X,Y) 0 4 大小(寬,高) 3 1 最小值 0 最大值 180 初始值 90 顏色 綠色 ▾

在重複執行裡加入下圖程式碼，除了更新 slider1 狀態外，還要將「從 slider1 讀取資料」放進「寫入伺服馬達角度」積木裡。

請打開手機上的「LinkIt Remote」，並左右移動滑桿，看看馬達是不是有跟著動起來了呢？

完整的程式碼如下，你也可以試試看修改介面的大小與按鈕的長寬，甚至顏色也都可以修改看看喔！

初始化
新增 直式 遠控器
　　名稱 " My Remote "
　　切割為 寬 3
　　　　高 5
新增 文字標籤 " label1 " 顯示文字 " LED測試 " 位置(X,Y) 0 0 大小(寬,高) 3 1 顏色 黑色
新增 圓形按鈕 " circle1 " 顯示文字 " 按下變亮 " 位置(X,Y) 0 2 大小(寬,高) 1 1 顏色 藍色
新增 滑桿 " slider1 " 顯示文字 " 馬達 " 位置(X,Y) 0 4 大小(寬,高) 3 1 最小值 0 最大值 180 初始值 90 顏色 橙色

重複執行
處理手機程式指令
★ 如果 circle1 狀態已更新
執行 ★ 如果 從 circle1 讀取輸入資料 = 1
　　執行 內建 LED 狀態 高電位
　　否則 內建 LED 狀態 低電位

★ 如果 circle1 狀態已更新
執行 寫入伺服馬達 Pin 13 - SPI 角度 (0 - 180) 從 circle1 讀取輸入資料

除了可以用手機控制 LED 燈外，還可以控制伺服馬達耶！

真的是太好玩了，快來動手做做看吧！

小知識

◎低功耗藍牙 (Bluetooth Low Energy，BLE)：

藍牙，其實是一種無線通訊技術。現今幾乎每隻智慧型手機和電腦都有這種裝置，被當成是傳送資料或檔案的一種媒介。

為了更省電，使裝置連線時間維持更長久，於是厲害的科技專家發展出了 BLE，LinkIt 7697 開發板就裝備了 BLE 晶片。

◎周邊裝置（Peripheral）、中央裝置（Central）：

LinkIt 7697 開發板的 BLE 裝置，可被當成周邊裝置或中央裝置，但不能同時成為兩種裝置。而傳送出藍牙訊號的就是周邊裝置，接受藍牙訊號的就是中央裝置。

如果我們以社區內公告傳達訊息給住戶的例子說明，社區公告就是周邊裝置，因為發佈了訊息，公告內的所有訊息整個社區都知道；住戶就是中央裝置，因為住戶收到了社區公告的訊息。

◎服務 (Service)、特性 (Characteristic)、屬性 (Attributes) 和通用唯一識別碼 (Universally Unique Identifier，UUID)：

在 BLE 的世界中，當我們創造了社區的公告，這就叫服務；如果在社區的公告上貼了很多紙，這些紙在 BLE 的世界裡稱為特性，因為讀完紙上的內容就知道 LED 燈是開還是關，也可以在紙上面寫字控制 LED 燈。

服務和特性就是兩種不同的屬性，為區別這兩種不同屬性，我們會用「通用唯一識別碼」（UUID）區別服務和特性。

◎伺服馬達、伺服機＼舵機（servo motor、servo）

　　為了配合 BlocklyDuino 所使用的指令名稱，所以在這本書中，我們把這一類的元件，都稱為伺服馬達。實際上，這種元件稱為伺服機或是舵機（servo），以前主要是用來控制遙控玩具的移動方向，如飛機的襟翼、方向翼、船的舵片或是車子的轉向機構，需要準確的轉到位置上，但不需要連續轉圈。舵機內主要由直流馬達、減速齒輪箱、電位計（就是可變電阻）、控制板所組成。對外接線都為三線式，白、紅、黑或是橘、紅、棕，不論其顏色類型，都代表訊號（SIG）、電源（VCC）、接地（GND）。

　　而伺服馬達（servo motor）通常是指，可以連續轉動的直流馬達，加上編碼器（encoder），使用者可以下指令控制轉動的角度或是圈數，也可以由編碼器得知目前馬達的轉動狀況。

換你試試看

1. 試試看，用手機控制兩顆 LED 燈。

2. 嘗試一下，把控制伺服馬達的角度從 0 至 90 度，改變成 0 至 180 度。

第四章

看誰按得快！
按鈕搶答器好好玩

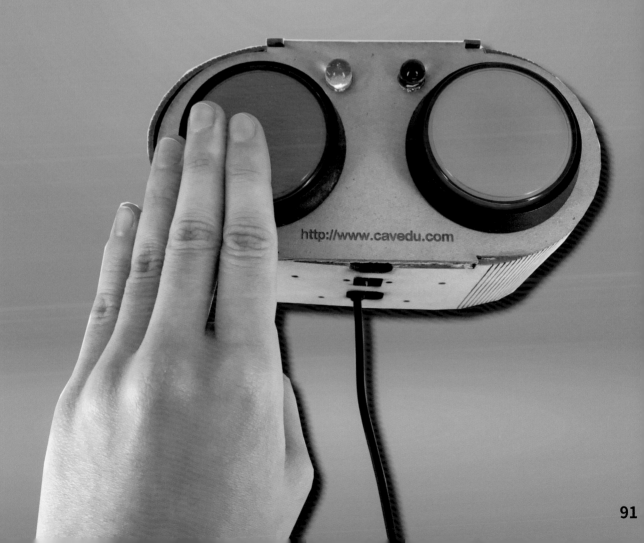

http://www.cavedu.com

看誰按得快！按鈕搶答器好好玩

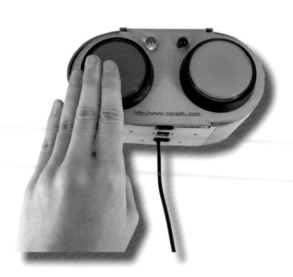

這一章的重點

　　大家看過電視節目中益智問答遊戲的搶答器嗎？當兩邊的選手差不多同時按下自己的按鈕時，便要透過機器判斷到底誰先按下按鈕。比較快按下的那一邊會亮起 LED 燈，另外一邊燈就不會亮。

　　在這一章，我們將運用之前介紹過的「數位輸入」，與 BlocklyDuino 中的【邏輯】程式積木。

需要用到什麼道具和材料呢？

材料：

◎ Linklt 7697 開發板，1 塊
◎麵包板，1 塊
◎公母杜邦線，數條
◎公公杜邦線，數條
◎ 10mm LED，2 顆
◎大型圓形按鈕，2 個
◎ Micro USB 線，1 條
◎中型微動開關，2 個
◎ Grove 4pin 連接線，1 條
◎按鈕組裝盒，1 組
◎ Linklt 7697 擴充板，1 塊
◎熱縮套管（10mm），2 條
◎連接器，2 個

道具：

◎剝線鉗
◎焊槍
◎熱風槍
◎護目鏡
◎焊槍支架
◎海綿或鐵絲（焊接使用）
◎焊錫
◎口罩
◎雷切機（外殼可自行設計就不用）

這個搶答器好酷喔，要不要跟我一起玩啊？

好啊～我搶答的速度一定比你快！

本章會用到兩種不同的方法接線，分別是麵包板與 LinkIt 7697 擴充板。

一起動動手

認識材料

1. 麵包板

麵包板常被用來連接各種電子元件，請見下圖。中間區域被用來設計電路，直行每 5 個點互相接通，行和行間彼此不互通，上下兩欄也彼此不互通。最上方和最下方兩區域被稱為匯流排，每列的 25 個橫點互相接通，列和列間彼此不相通，接線時需特別注意。

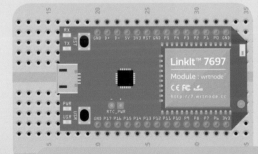

麵包板很好用，是我們在測試、開發電路時的重要工具。

2.LinkIt 7697 擴充板

　　LinkIt 7697 擴充板把開發板的接腳整合成更便於使用者連接周邊元件的樣子，LinkIt 7697 擴充板可接 Grove 系列元件和杜邦線，下面圖片中的紅框可以接數位腳位，腳位的對應例如：擴充板上的 D2 等於 P2。

3. 中型微動開關

　　中型微動開關可用來連接大型按鈕。當按下開關跟放開時，電路接通的位置也會不同，請看下圖：

①

當按鈕按下時，電路接通就像圖片①；當按鈕放開時，電路就像圖片②。

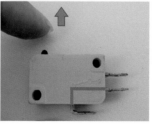

②

4. Grove 4 Pin 連接線

我們會把這條線接上中型微動開關，使它可以接上 Grove 接頭，材料的樣子如下圖。

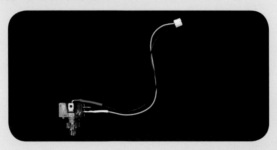

5. 剝線鉗

剝線鉗是一種將電線外的塑膠皮剝開，取出其中金屬線的工具。剝線鉗上會有不同的孔洞，上面標示不同的數字，這是針對著不同粗細規格的電線。請選用合適尺寸的孔洞進行剝線。

每款剝線鉗都有一點不一樣，使用前可先看看說明書！

接下來，要教大家如何接線，我們先用 Linklt 7697 擴充板示範，然後再跟大家解釋麵包板的接線。如果大家只有擴充板或只有麵包板，請依照自己的需求選擇看哪一部分的內容。

一、LinkIt 7697 擴充板接線

準備電線

第一步： 將 Grove 4 Pin 連接線其中一邊的 Grove 頭拔掉
這裡我們利用杜邦線的公頭（有針的那一頭），插
入 Grove 頭的凹槽來拔出其中一條電線，請看下圖。

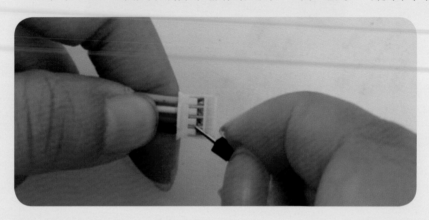

第二步： 將 Grove 4 Pin 連接線另一邊的中間兩條線拔出來。
只剩下一個 Grove 接頭跟兩條線，完成如下圖。

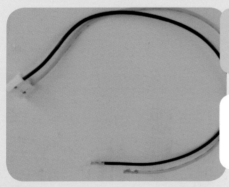

那要把拔出來的兩條線和 Grove 接頭丟掉嗎？

將兩條線跟左圖一樣，插在 Grove 接頭的兩側。

這樣就完成了兩個 Grove 接頭的線了，可以開始剝線囉！

剝線

第一步： 拿出剝線鉗，將線的一邊拿起來，開始剝線（將外面塑膠拉開，使金屬露出）。

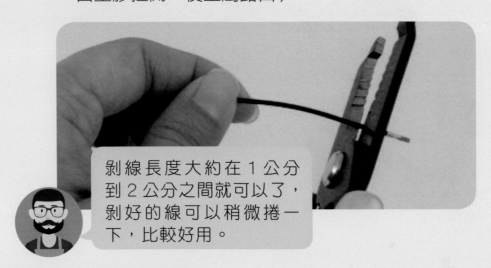

剝線長度大約在 1 公分到 2 公分之間就可以了，剝好的線可以稍微捲一下，比較好用。

第二步： 將熱縮套管套入

先將熱縮套管套入，是為了避免在焊接後，沒有辦法將熱縮套管放進去。熱縮套管可以保護焊接電線的接點，使接點不容易脫落。

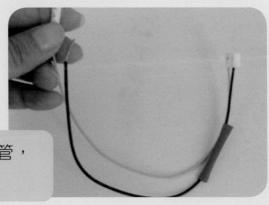

忘了放進熱縮套管，就需要重新焊接。

第三步：將金屬線纏在極限開關上。

極限開關有三個地方需要焊接，依照下圖，要焊接的點為下圖中的紅框位置，把線纏在上面。

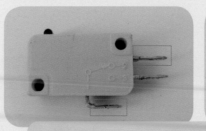 

 盡量纏好，直到線不會亂移動的程度，這樣焊接起來比較容易。
完成準備電線後，一起來看看如何焊接吧！

焊接

確認極限開關的線纏好後，開始焊接。

把極限開關像圖片那樣立好，需特別小心的是，焊接時，會讓被焊接的東西變燙，所以焊完後，請數 20 秒才能碰觸被焊接的東西。確認焊接線固定即可。

 這次一共要焊接兩個點。如果要離開焊槍超過 5 秒的話，請大家先拔掉焊槍的電源，免得造成火災。

焊接完成後，請務必記得拉拉看，檢查線會不會掉落。如果不會的話，焊接就完成了

　　焊接過程中，如果碰到任何問題或是有不了解的地方，請一定要問身邊的家長、老師或有焊接經驗的人，免得發生危險喔！

　　焊接完成後，我們接著要將剛剛焊接的焊點做個保護。

用熱縮套管包住焊接的焊點

第一步：將熱縮套管套住焊接的焊點

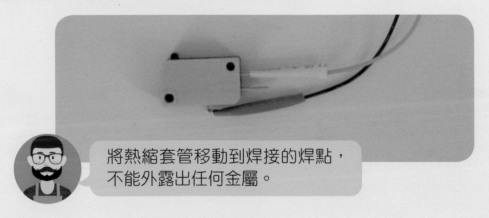

將熱縮套管移動到焊接的焊點，不能外露出任何金屬。

第二步：請大家拿出熱風槍，朝著熱縮套管的地方吹。
熱風槍會讓熱縮套管收縮，使熱縮套管可以緊緊
包住焊點，免得發生焊點脫落或短路的情形。

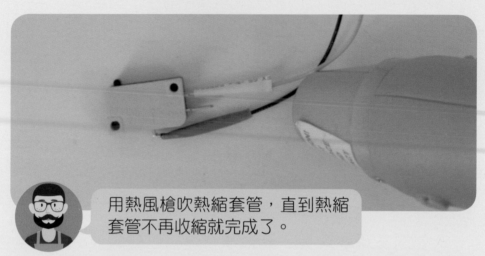

 用熱風槍吹熱縮套管，直到熱縮
套管不再收縮就完成了。

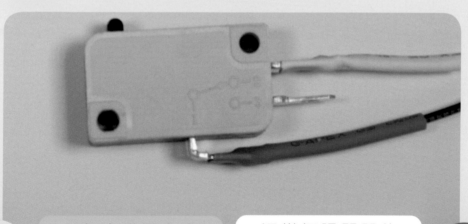

一起來看看完成
圖吧！

這樣極限開關的
線路就完成了！

100

組裝按鈕

第一步：組裝連接器和極限開關

一開始，我們先觀察連接器上有兩個凸點，而焊接好的中型微動開關上有兩個洞，就像圖片中的紅框。接著我們將連接器和極限開關對齊，把它們組裝起來！

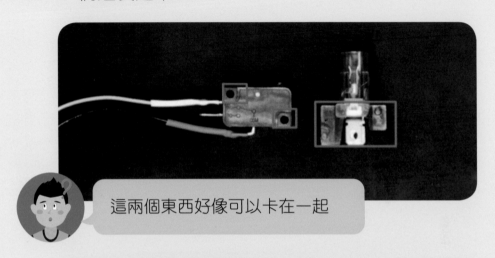

這兩個東西好像可以卡在一起

將連接器和極限開關卡在一起，先固定在一個點，然後再向下扳，會比較好組裝。

第二步：拿出雷切板，將大型按鈕裝上去。

　　　　拿出像下圖中的雷切板，然後將大型按鈕上的黑色小圈轉下來後，組裝按鈕。

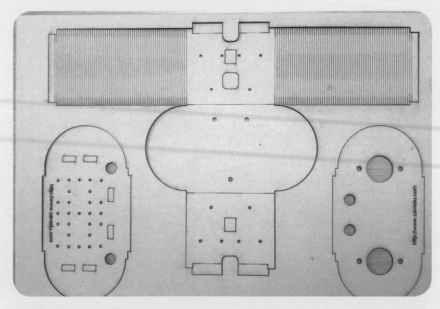

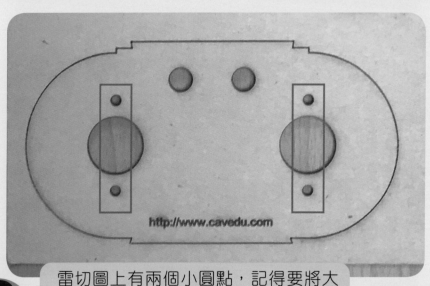

雷切圖上有兩個小圓點，記得要將大型按鈕上的兩個凸點對齊，才能準確把盒子裝上去！

第三步：接起按鈕

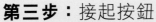
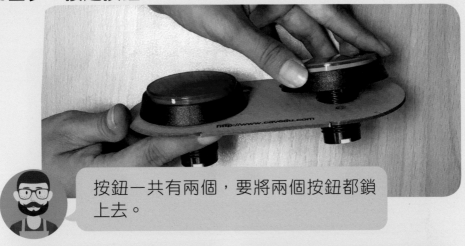

按鈕一共有兩個，要將兩個按鈕都鎖上去。

第四步：組裝按鈕和連接器

將連接器放入按鈕裡面，用力按照順時鐘的方向轉，一直等到聽到「喀擦」一聲就成功了。

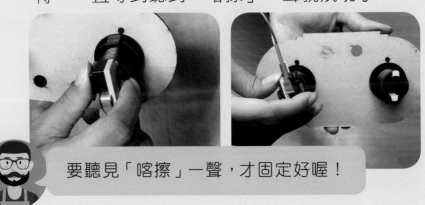

要聽見「喀擦」一聲，才固定好喔！

請記得要將兩邊的大按鈕都接上連接線，這樣按鈕就完成了，接著來試試看接線吧！

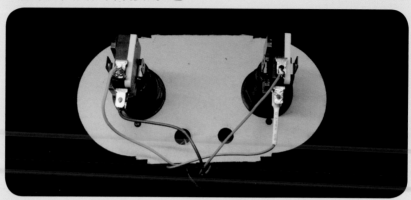

LED 燈跟按鈕接線

請拿出兩顆 10 公釐的 LED 燈，還有 4 條公母杜邦線，一起來準備接線！

第一步：將兩顆 LED 燈的正極（比較長的那一腳）和負極接上杜邦線母頭（沒有針的那一頭）。

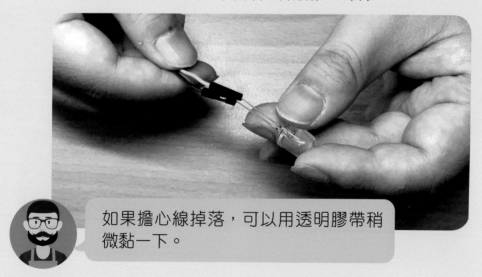

如果擔心線掉落，可以用透明膠帶稍微黏一下。

第二步： 將兩顆 LED 燈正極的杜邦公頭插入 LinkIt 7697 擴充板 P7 和 P8 相對應旁邊的洞裡，負極都接在 GND 相對旁邊的洞裡。大家可以按下圖動手做。

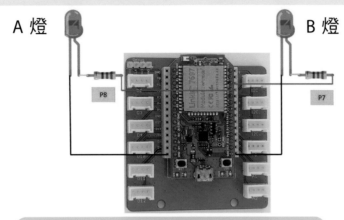

接線時，要小心不要接錯，免得等一下寫程式時，會沒有辦法產生效果。

第三步： 將按鈕接線，位置在 P3 和 P4。

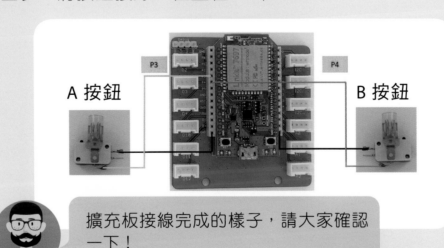

擴充板接線完成的樣子，請大家確認一下！

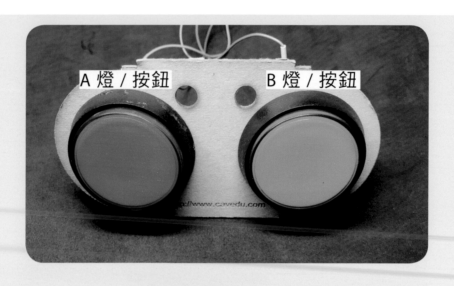

完成了！讓我們來組裝盒子！

組裝盒子

　　拿出其他的雷切板，如果大家身邊沒有雷切機，可以向「機器人王國」（https://www.robotkingdom.com.tw/）購買雷切盒子，或是自己設計喜歡的盒子！

第一步： 將紙板翻到背面，然後放在桌上往前凹折。

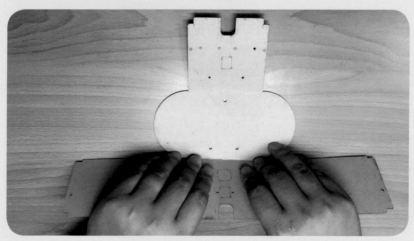

第二步：將盒子的側邊，順著盒子的底部凹折。

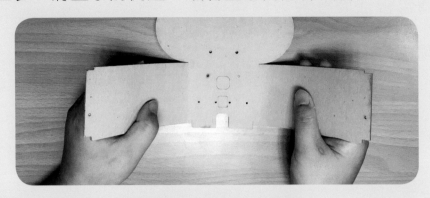

第三步：將盒子的側邊鎖上螺絲、螺帽。

第四步：將盒子整個組裝起來

這樣就完成了！

二、麵包板自製杜邦公頭連接線

準備電線

第一步： 拿出兩條兩邊都是公頭（有針的那一頭）的杜邦
線，先將其中一邊的公頭剪掉。

剝線

第一步： 拿出剝線鉗，將線的一邊拿起來，開始剝線（將外
面塑膠拉開，使金屬露出）。

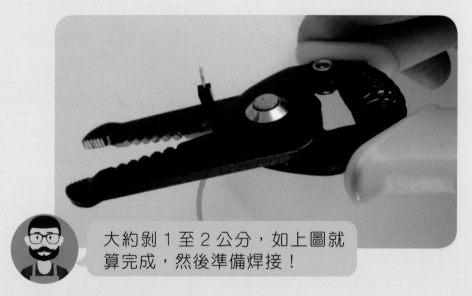

大約剝 1 至 2 公分，如上圖就
算完成，然後準備焊接！

第二步： 將熱縮套管套入
先將熱縮套管套入，是為了避免在焊接後，沒有
辦法將熱縮套管放進去。熱縮套管可以保護焊接
電線的接點，使接點不容易脫落。

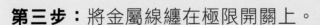

 忘了放進熱縮套管，
就需要重新焊接。

第三步：將金屬線纏在極限開關上。

極限開關有三個地方需要焊接，依照下圖，要焊
接的點為下圖中的紅框位置，把線纏在上面。

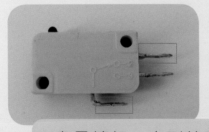

 盡量纏好，直到線不會亂移動的程
度，這樣焊接起來比較容易。
完成準備電線後，一起來看看如何
焊接吧！

焊接

確認極限開關的線纏好後，開始焊接。

把極限開關像圖片那樣立好，需特別小心的是，焊接時，會
讓被焊接的東西變燙，所以焊完後，請數 20 秒才能碰觸被焊
接的東西。確認焊接線固定即可。

這次一共要焊接兩個點。如果要離開焊槍超過 5 秒的話,請大家先拔掉焊槍的電源,免得造成火災。

焊接完成後,請務必記得拉拉看,檢查線會不會掉落。如果不會的話,焊接就完成了

　　焊接過程中,如果碰到任何問題或是有不了解的地方,請一定要問身邊的家長、老師或有焊接經驗的人,免得發生危險喔!

　　焊接完成後,我們接著要將剛剛焊接的焊點做個保護。

用熱縮套管包住焊接的焊點

第一步：將熱縮套管套住焊接的焊點

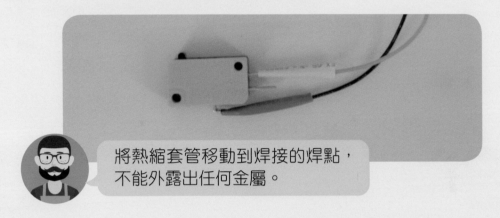

將熱縮套管移動到焊接的焊點，
不能外露出任何金屬。

第二步：請大家拿出熱風槍，朝著熱縮套管的地方吹。

熱風槍會讓熱縮套管收縮，使熱縮套管可以緊緊
包住焊點，免得發生焊點脫落或短路的情形。

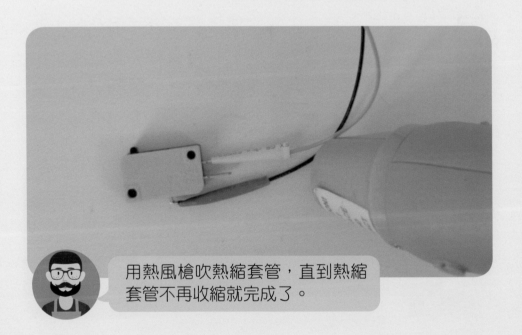

用熱風槍吹熱縮套管，直到熱縮
套管不再收縮就完成了。

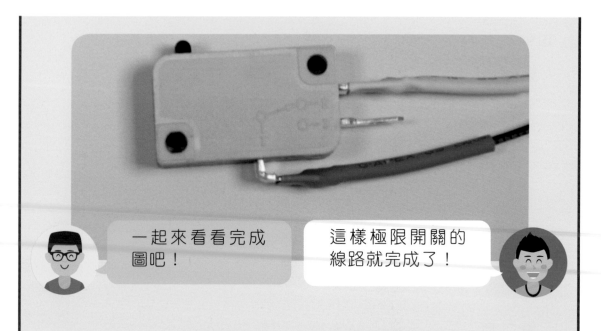

一起來看看完成圖吧!

這樣極限開關的線路就完成了!

組裝按鈕

第一步: 組裝連接器和極限開關

一開始,我們先觀察連接器上有兩個凸點,而焊接好的中型微動開關上有兩個洞,就像圖片中的紅框。接著我們將連接器和極限開關對齊,把它們組裝起來!

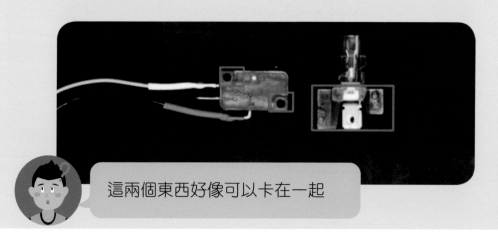

這兩個東西好像可以卡在一起

將連接器和極限開關卡在一起，先固定在一個點，然後再向下扳，會比較好組裝。

第二步： 拿出雷切板，將大型按鈕裝上去。

拿出像下圖中的雷切板，然後將大型按鈕上的黑色小圈轉下來後，組裝按鈕。

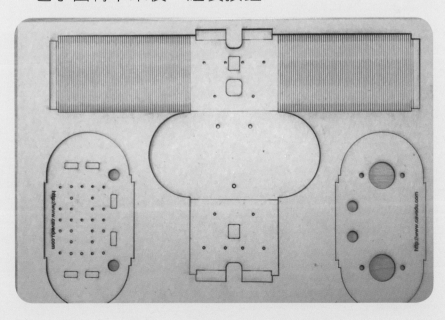

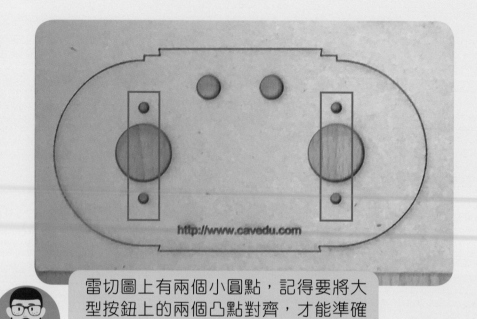

雷切圖上有兩個小圓點，記得要將大型按鈕上的兩個凸點對齊，才能準確把盒子裝上去！

第三步：接起按鈕

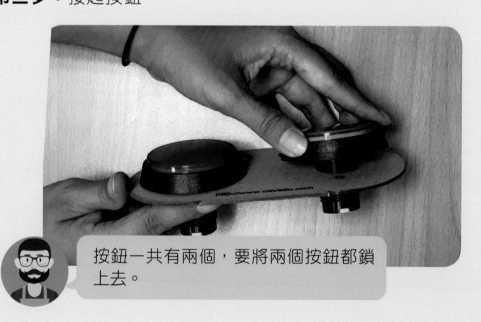

按鈕一共有兩個，要將兩個按鈕都鎖上去。

第四步：組裝按鈕和連接器

將連接器放入按鈕裡面，用力按照順時鐘的方向轉，一直等到聽到「喀擦」一聲就成功了。

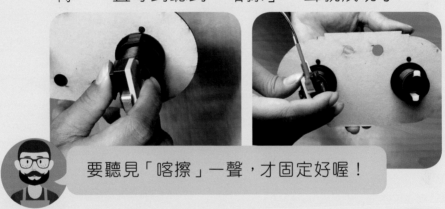

要聽見「喀擦」一聲，才固定好喔！

請記得要將兩邊的大按鈕都接上連接線，這樣按鈕就完成了，接著來試試看接線吧！

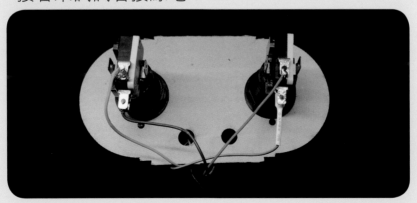

LED 燈跟按鈕接線

請拿出兩顆 10 公釐的 LED 燈，還有 4 條公母杜邦線，一起來準備接線！

第一步：將兩顆 LED 燈的正極（比較長的那一腳）和負極接上杜邦線母頭（沒有針的那一頭）。

如果擔心線掉落，可以用透明膠帶稍微黏一下。

第二步：將兩顆 LED 燈正極的杜邦公頭插入 LinkIt 7697 麵包板 P7 和 P8 相對應旁邊的洞裡，負極都接在 GND 相對旁邊的洞裡。大家可以按下圖動手做。

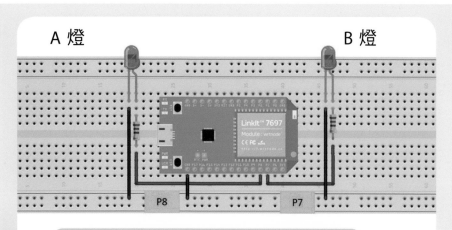

 接線時，要小心不要接錯，免得等一下寫程式時，會沒有辦法產生效果。

第三步：將按鈕接線，位置在 P3 和 P4。

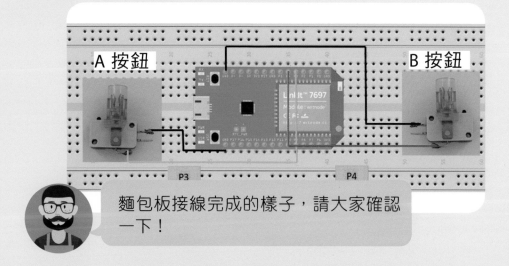

麵包板接線完成的樣子，請大家確認一下！

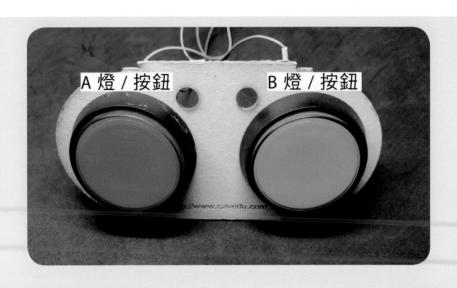

A 燈／按鈕　　B 燈／按鈕

完成了！讓我們來組裝盒子！

組裝盒子

拿出其他的雷切板，如果大家身邊沒有雷切機，可以向「機器人王國」（https://www.robotkingdom.com.tw/）購買雷切盒子，或是自己設計喜歡的盒子！

第一步： 將紙板翻到背面，然後放在桌上往前凹折。

第二步：將盒子的側邊，順著盒子的底部凹折。

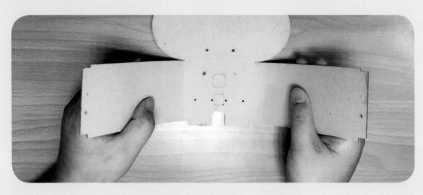

第三步：將盒子的側邊鎖上螺絲、螺帽。

第四步：將盒子整個組裝起來

這樣就完成了！

一起動動腦

　　這次的程式，結合了電流急急棒的【邏輯】、【時間】類別進行了一個綜合運用。這一章還會教大家數位訊號，也就在是在第二章《電流急急棒》中，判斷通路跟斷路的方法。

什麼是數位訊號呢？

　　簡單來說就是 0 和 1。在這一章我們會用到數位輸出，在 LED 燈上就是開和關，或是高電位和低電位。

一起來看看程式怎麼寫！

第一步：請大家先想想，搶答器運作的方式通常是什麼？

> 我看電視節目的搶答器，通常都是比較快按下的燈會亮。

> 沒錯！但這只是其中一種情況哦！

第二步：我們現在來一小部分、一小部分分解搶答器可能發生的情形，同時將會發生的情形列出來。

　　　　第一種情形：開始搶答時，A 按鈕比較快按下，A 燈亮

3 秒以上。

第二種情形：開始搶答時，B 按鈕比較快按下，B 燈亮 3 秒以上。

第三種情形：沒有進行搶答時，A 和 B 按鈕都沒有按下，A 和 B 的燈都不會亮。

搶答器運作的方式，大致有上面 3 種情形。

原來如此！了解了。

了解運作原理之後，大家可以先試著用前面學到的程式知識寫寫看，寫錯了也沒有關係。

搶答器程式編寫

現在來看看，搶答器的程式該怎麼寫。

第一步：從【邏輯】類別拿出需要的程式積木

從【邏輯】類別中，按照圖片中的步驟，拿出需要的積木。

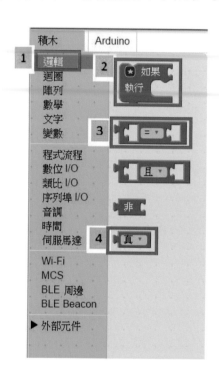

第二步：將【如果……執行】的積木擴充，然後將其他邏輯積木組
裝好。按照下圖的步驟擴充，接著將步驟組合起來。

1. 對【如果……執行】上的星星符號，點一下。
2. 將【否則如果】積木放入框框中，如圖。
3. 將【否則】積木放入框框中，如圖。

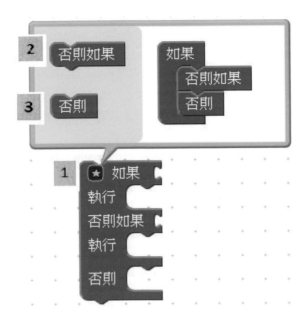

真的跟我們步驟分解中，所設的條件一樣。

是的！共有三種情形：A 條件如果是真的；B 條件如果是真的；還有 A、B 兩個條件都不是真的。

第二步：從【數位 I/O】類別拿出需要的程式積木

請大家拿出【數位讀取】積木

不同的 Pin 腳（數字不同），代表不同的物件。

第三步：請將【數位 I/O】類別積木組裝進邏輯中

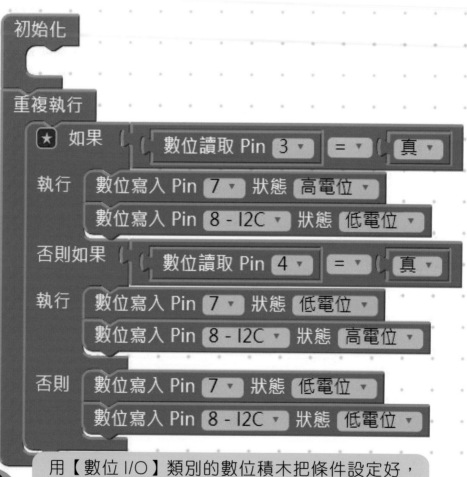

用【數位 I/O】類別的數位積木把條件設定好，然後按下 Pin3 按鈕，會產生的結果是：Pin7 的 LED 燈會亮，以及 Pin8 的 LED 燈不會亮。

第四步：加入【時間】積木，等候 3 秒鐘。

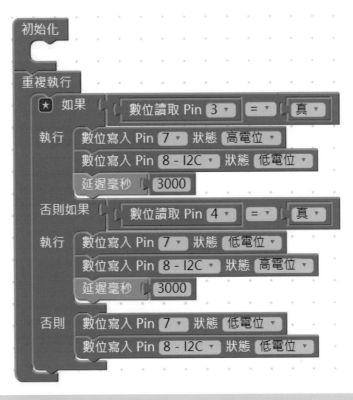

 用【時間】積木延遲 LED 燈亮的時間，這樣才能判斷誰比較快按下搶答器按鈕。

　　搶答器完成了，快找同學一起玩玩看，看看誰最快想出答案，又最快按下按鈕。

換你試試看

　　這一章,在程式方面,我們運用了【邏輯】、【數位 I/O】、【時間】程式抽屜的積木,了解三個獨立的「如果(if)」、「否則如果(else if)」,以及「否則(else)」的差別。

試試看,我們還可以對搶答器做出哪些有趣的修改呢?

1. 假如使用三個「如果」,是否也能做出搶答器呢?

2. 要怎麼讓搶答器的燈在兩個按鈕同時按下時,才會亮?

3. 要怎麼讓搶答器的兩個按鈕同時按下時,燈會閃爍?

第五章

衝啊！看我藍牙遙控車的厲害！

衝啊！看我藍牙遙控車的厲害！

藍牙遙控車成品

需要用到什麼道具和材料呢？

材料：
◎ LinkIt 7697 開發板，1 塊
◎ Micro USB 線，1 條
◎ Robot Shield，1 塊
◎ RK 擴充板，1 塊
◎ RK CAR，1 台
◎ 智慧型手機，1 隻

道具：
◎ 絕緣膠帶
◎ 焊槍

這一章的重點

　　這一章，我們會介紹馬達轉動的原理，還有如何使用藍牙裝置接收字元；也會把手機當成遙控車的方向盤，控制遙控車的方向。
　　讓我們一起做出一台屬於自己的 LinkIt 7697 的藍牙遙控車吧！

直流馬達的種類

　　直流馬達的種類很多，這一章我們使用的是 FA-130 型一般的直流小馬達，同時結合了差速齒輪組。

哇！利用馬達正反轉的特性，我就可以做出一台車了耶～～。

真的可以嗎？

別急、別急，因為 LinkIt 7697 開發板的電流，沒有辦法直接讓兩顆直流馬達動起來，所以我們要使用「馬達驅動板」。在這一章，我們使用的馬達驅動板名叫「Robot Shield」。

一起動動手

第一步： 我們先用手機的藍牙裝置，試著控制一顆直流馬達，先接上一顆直流馬達。下圖是直流馬達接線圖：

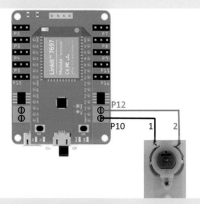

一顆直流馬達連接 Robot Shield

馬達的腳位（位置）	Robot Shield 的腳位（位置）
1	10
2	12

直流馬達接好了線之後，接下來，我們要開始寫第一個程式囉！

一起動動腦

程式的部份，我們先設計手機控制介面，一樣是使用 LinkIt Remote，功能與前面提到的按鈕一樣，位置、大小與顏色也可自行調整！

手機版面很好看呢！

對啊！手機版面完成後，我終於可以寫手機控制馬達的程式了～。

沒錯喔！接下來，我們要用手機和 LinkIt 7697 開發板的藍牙裝置連線，還有在連線成功後，用手機送出整數字元，然後進一步控制馬達轉動。

接下來我們利用馬達驅動板第 10、12 腳位的高低電位差，讓馬達轉動。概念是讓開關狀態為 1（表示為開啟狀態）時，第 10 腳位設定低

電位；第 12 腳位設定高電位。反之將兩個腳位都設定為低電位，即可關閉馬達喔！

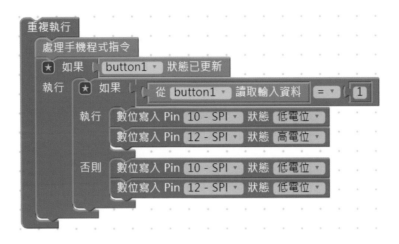

完成了控制馬達的程式後，請打開手機上的「LinkIt Remote」，找到自己命名的藍牙裝置，此範例為「My Remote」，並點擊進入手機介面。

圖片來源：https://labs.mediatek.com

按下開關，看看馬達是不是會動起來了呢？

可以控制一顆馬達轉動的話，是不是可以控制兩顆馬達轉動，做出一台藍牙遙控小車呢？

當然可以！接下來，我們就要教大家寫如何控制一台藍牙遙控車的程式！

一起動動手

第一步：我們再把另外一顆馬達，接上馬達驅動板 Robot Shield

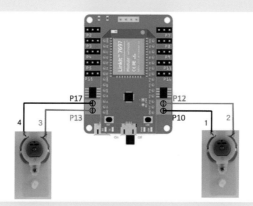

兩顆馬達連接馬達驅動板 Robot Shield

馬達的腳位（位置）	Robot Shield 的腳位（位置）
1	10
2	12
3	13
4	17

哇！馬達接好了。

馬達接好後，我們要怎麼樣控制馬達正方向轉或反方向轉呢？

可以用程式的高電位或低電位，控制馬達的正方向轉或反方向轉。我們用兩顆馬達的正反轉來決定車子的行走方向，車子有下面四種行走方法：

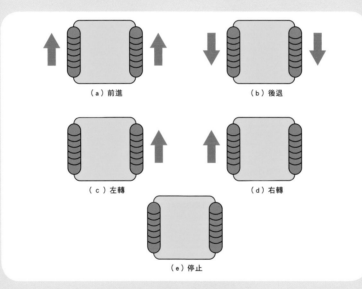

車子有五種不同的運動方式

　　兩顆馬達一起往同一個方向轉動，車子就可以前進或後退（請看圖（a）、（b））；如果有一顆馬達動，另外一顆馬達不動，車子就會左轉或右轉（請看圖（c）、（d））；如果兩顆馬達都不轉動，車子就靜止不動（請看圖（e））。

要怎麼樣使用 BlocklyDuino 寫程式呢？

沒錯，這我也想知道。

程式部分，我們要利用 LinkIt 7697 開發板的高電位或低電位，控制馬達的正方向轉或反方向轉。

馬達驅動板 Robot Shield 的 10、12 腳位控制右邊的馬達；13、17 腳位控制左邊的馬達，所以程式會像下圖：

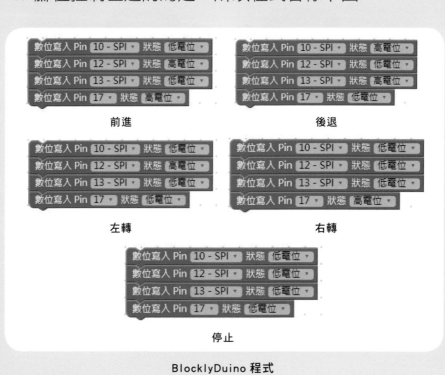

BlocklyDuino 程式

我們以圖（a）前進的程式積木為例子說明。Pin 旁邊的數字代表 Robot Shield 的腳位，而 13、17 腳位由左邊的馬達連接；10、12 腳位由右邊的馬達連接。

我們藉由腳位是高或低電位來讓馬達正方向轉或反方向轉。所以，左邊馬達連接的 13 腳位是低電位，17 腳位是高電位會讓馬達正轉；而右邊馬達連接的 10 腳位是低電位，12 腳位是高電位也會讓馬達正轉。在兩個馬達都正轉的情形下，車子就會往前進了。

大家可以根據上面的說明，想一想其他幾張圖片當中程式運作的方式。

一起動動腦

有了前面的做法後，我們現在來寫寫看 LinkIt7697 開發板的程式吧！

知道了車子有不同的運動行為，接下來就控制兩個直流馬達囉！

首先決定五個按鈕的位置、大小與顏色。這五個按鈕分別是「前進」、「後退」、「左轉」、「右轉」、「停止」，而以粉紅色來分辨「停止」鍵。

這邊我們又加了一顆馬達轉動，然後利用程式高電位、低電位的控制，使兩顆馬達可以像真正的車子一樣，有「停止」、「前進」、「後退」、「右轉」、「左轉」五種動作。

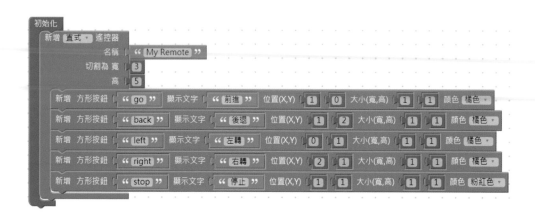

接下來決定按下「前進」、「後退」按鈕的功能，如下圖：

還有決定按下「左轉」、「右轉」的按鈕,如下圖所示:

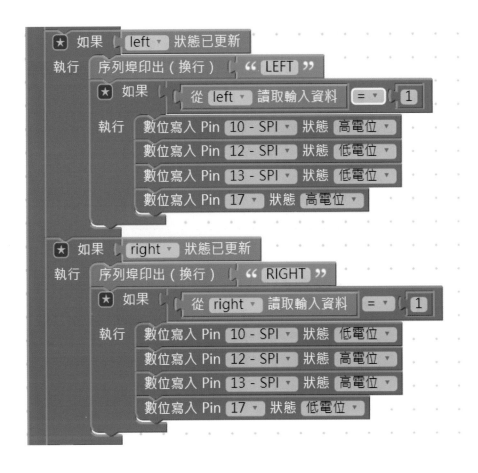

最後還有按下「停止」鍵,如下圖所示:

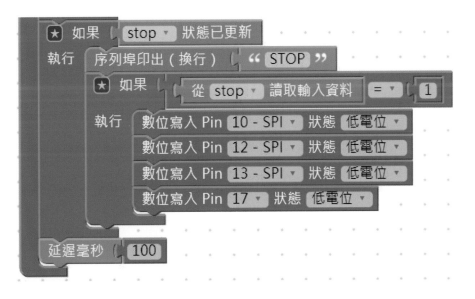

開啟「My Remote」的選項，並點擊進入手機介面後會顯示下列圖示：

藍牙遙控小車的程式就完成了，趕快拿手機玩玩看！

換你試試看

1. 結合 LED 燈，使開車時可以亮燈，停車時燈熄滅。

2. 試試看幫小車加裝方向燈，車子左轉彎時，亮左邊的 LED；
   車子右轉彎時，亮右邊的 LED。

第六章

轉快！轉慢！
進化版的智慧風扇

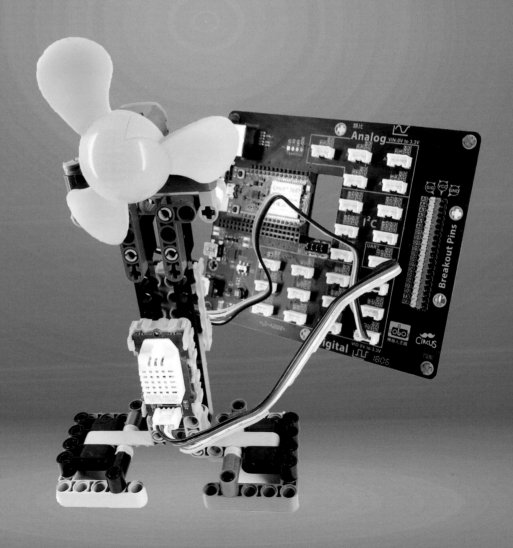

轉快！轉慢！ 進化版的智慧風扇

需要用到什麼道具和材料呢？

材料：
◎ 風扇模組，1 組
◎ LinkIt7697 開發板，1 塊
◎ Micro USB 線，1 條

這一章的重點

這一章，我們最後會做出的智慧風扇，可以切換成手動或自動模式，智慧風扇會有下面二種功能：

第一種功能：自動模式，可以按照室內溫度決定風速大或小。
第二種功能：手動模式，可以用雲端服務控制風速大或小。

前面的章節中，我們利用開關控制馬達。開關控制只有「開」和「關」，所以是屬於「數位訊號控制」，決定馬達的「高電位」和「低電位」。

在我們能做出智慧風扇控制風扇轉動的速度前，先來認識很重要的「PWM」控制。

什麼是 PWM 控制？

如果我們想要進一步讓風扇「轉快一點」或「轉慢一點」，就需要用到「PWM」控制。

PWM 的中文全名就是「脈衝寬度調變（Pulse Width Modulation）」，用圖形呈現的話，會有下面幾種結果的圖形：

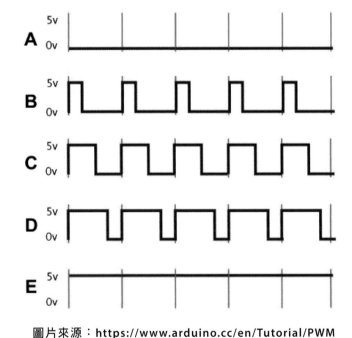

圖片來源：https://www.arduino.cc/en/Tutorial/PWM

上面圖片的 PWM 在 0V 到 5V 之間，大約分為有 A 到 E 五種圖形，這五種圖形代表不同的電壓輸出。

但是我只看到框框越來越大。還有，A 和 E 的圖形有甚麼不同呢？

我們先看 E 的圖形，我們把綠色和綠色的直線之間標示為 1 個單位，黑色的線在 5V 的位置已經填滿綠色和綠色之間為 1 個單位了，所以輸出的電壓是 5V *1=5V，為 5V 的電壓。

那其它圖形又是甚麼意思？

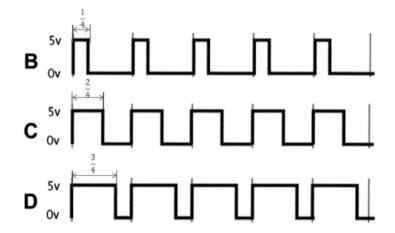

我們將 1 個單位，分成四等分，由 B 到 D 分別是 1/4、2/4、3/4，代表不同的電壓輸出。看 B 圖，黑色的線在 5V 位置只占 1 個單位的 1/4，電壓輸出是 5V*1/4=1.25V，其它圖就根據 B 圖推斷，所以才叫「脈衝『寬度』調變」，就是寬度不同，輸出電壓也不同。

所以琮琮，讓阿吉老師考考你，請問在 C 圖的電壓輸出會是多少？

讓我想想看……，黑色的線在 5V 的位置占了 1 個單位的 2/4 ，所以是 5V*2/4 =2.5V，也就是一半的電壓輸出囉！

完全正確！那 A 圖的電壓呢？

我知道了，黑色的線在 0V 的位置占了 1 個單位，所以是 0V*1=0V，也就是沒有任何電壓輸出。

那為什麼會有「PWM」這樣的技術產生呢？

沒錯！這個「PWM」，就是數位訊號用來模擬類比訊號的一種方法，例如使用在控制馬達的快慢，或是控制燈光亮暗，還有喇叭的大小聲……等等。

數位訊號前面有稍微說明，只有 0 和 1 兩個數字。想像一下，如果你在轉電視音量的遙控器，只有最大聲和最小聲就沒有了，無法調音量，耳朵應該會聽得很辛苦，這個電視就會沒人想要買，所以才有 PWM 的技術產生。

我已經知道如何使用 PWM 控制風扇的轉速。接下來我們要做什麼呢？

接下來，我們就要在 MCS 雲端服務上建立起資料通道（一種專有名詞，請大家先把它記住）囉！

什麼是雲端服務啊？MCS 又是什麼？

可以在手機、電腦或平板……等裝置，利用網路知道家裡的溫度、濕度等，甚至還可以控制家電。
使我們能與物品建立起連繫的科技，運用的就是網路上的雲端服務。而 MCS 就是網路上的其中一種雲端服務，全名是「MediaTek Cloud Sandbox（雲沙堡）」，提供這項服務的是聯發科技股份有限公司（MediaTek）。

我們要怎麼使用 MCS 的服務呢？

一起動動腦

接下來，我們會介紹如何建立 MCS 帳戶、建立原型、創建資料通道。

第一步：建立帳戶

連上 MCS 的網站，網址：https://mcs.mediatek.com/zh-TW/。然後，用滑鼠點選右上角的「登入 / 註冊」。

MCS 首頁

按下右下角的「建立一般帳戶」。

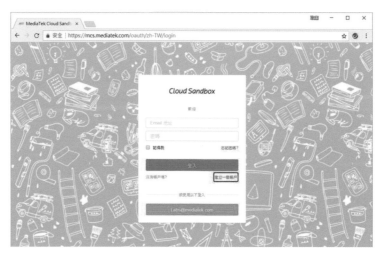

MCS 的登入 / 註冊網站

接下來，輸入暱稱、信箱、密碼，然後前往自己的信箱收「註冊帳號通知」的信件。

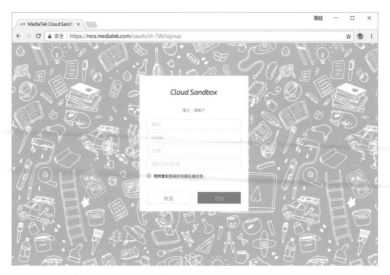

在這個網頁輸入暱稱、信箱、密碼

您好！

我們收到您欲註冊MediaTek Cloud Sandbox的請求。請點擊以下連結來認證您的身分並且完成註冊流程：

http://mcs.mediatek.com/oauth/zh-TW/verification?token=eyJ0eXAiOiJKV1QiLCJhbGciOiJIUz
I1NiJ9.eyJ1c2VySWQiOiJVeUlMTFZtbEpNOVoiLCJlbWFpbCI6ImRqNTIwOUBjYXZI
ZHUuY29tIiwiaWF0IjoxNTExMzk3MDQwfQ.Co4mT-jHJztCMbyMZ2Mt3HJF7k-
T9PFTnXR29oJkJGo

若您遇到任何問題，您可以使用郵件mtkcloudsandbox@mediatek.com與我們聯繫。

MediaTek Cloud Sandbox 服務團隊上

在剛剛輸入的電子信箱，收到 MCS 寄來的信。

收到 MCS 寄來的信之後，按下信件裡的網址，進到 MCS 的網頁，就代表註冊成功了！

第二步：建立原型

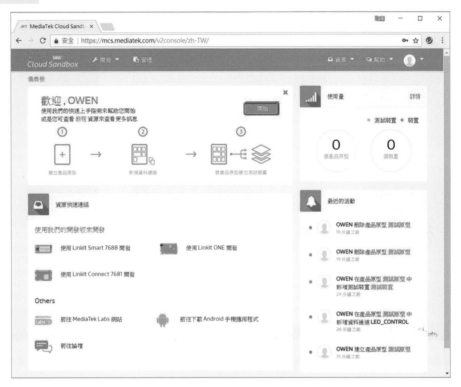

在這個網頁上點選「開始」

在這個網頁上點選「創建」

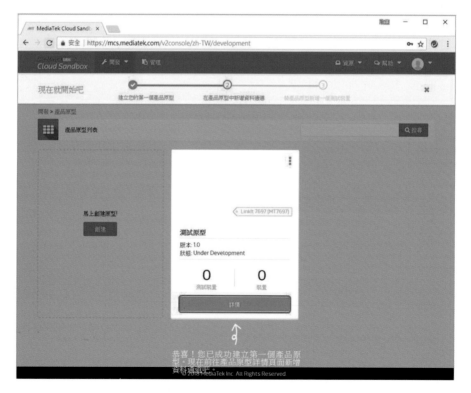

在這個網頁上,依照順序寫入名稱、版本、硬體平台、產業、應用程式……等等資料。

在這個網頁上點選「詳情」

　　一切順利的話，第一個原型就完成完成了！接下來，點選「詳情」新增資料通道（這是一個專有名詞，請大家先記住）。

第三步： **建立資料通道，了解控制器、顯示器。**

　　　　　　這裡，我們要介紹「資料通道」是什麼，還有「控制器」和「顯示器」的功用：

◎由 MCS 雲端服務存下來的資料，是由與 MCS 雲端服務連結在一起的裝置上的感應元件搜集而來。像是家中的電風扇（裝置）連結 MCS 雲端服務，而電風扇上裝有一個測量溫度的機器（感應元件），透過這個測量溫度的機器，傳送家裡溫度資料給 MCS 雲端服務。

◎或透過 MCS 雲端服務傳送給裝置的指令。如果我們剛好有事出門，但又希望回家可以比較涼快，我們便可透過 MCS 雲端服務，下指令給剛剛那台家中的電風扇，使風扇轉速加快一點。

　　資料通道又可分為以下幾個類別：

1. **控制器：** 用來控制裝置，像是簡單的開或關。
2. **顯示器：** 用來顯示裝置當時的狀態，像是 LED 燈的亮或滅。
3. **綜合型顯示控制器：** 同時有控制器和顯示器的功用。像是我們剛提到的電風扇溫度顯示器，同時它能控制電風扇的開或關。

按下「新增」，新增一個資料通道。

新增「控制器」或「顯示器」

建立一個資料通道

　　然後，我們就建立起一個「資料通道」。在這裡簡單介紹一下「資料通道名稱」和「資料通道 id」：

1. **資料通道名稱**：給使用者看的名稱，可以取看得懂的中文。

2. **資料通道 id**：一定要與 LinkIt 7697「資料通道」名稱一致，這是給 LinkIt 7697 辨識的，所以不可以使用中文命名，也不可以編輯修改。

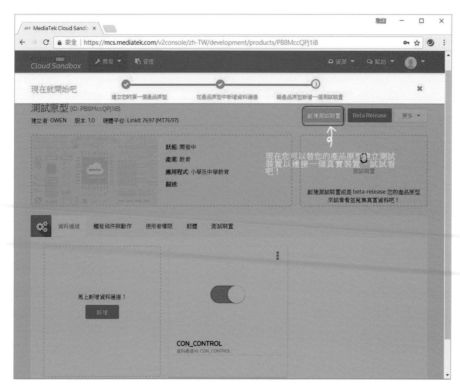

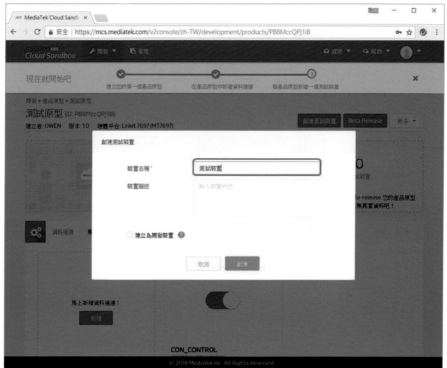

然後，輸入「裝置名稱」。

完成測試裝置

這樣,我們就完成了一個測試裝置。

哇!這樣我對 MCS 就更了解了!

我也是,但我還想更多知道雲端服務。

很好,如果大家對如何建立 MCS 帳戶、建立原型、創建資料通道,還有不明白的地方,上 Cavedu 官網。

下面的圖片是完整的網頁控制風扇轉動的版面。所以，我們接下來的目標，就是要在 MCS 的網頁上，建立好這三個資料通道。

完整的 MCS 網頁控制風扇轉動的版面

怎麼樣控制風扇轉動呢？

為要控制風扇轉動，我們會用到上面圖片的黃標 1、2、3 所代表的，一共三個 MCS 的資料通道。接下來，我們跟大家一個一個解釋這三個資料通道：

第一個是顯示資料通道：

我們做顯示資料通道的原因，是為了要知道溫度感應器量測到的溫度是多少！

第二個是建立控制通道的分類通道

 這邊我們要做的是自動和手動的分類通道。要特別注意設定的 Key 值很重要,因為這是要發給 LinkIt 7697 開發板的值。

第三個是建立控制通道的類比通道

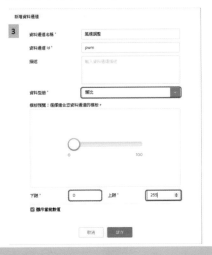

 這裡我們做的是類比滑桿,可以用類比滑桿控制風扇轉動的速度!而類比滑桿下限和上限的 PWM 數值需為 0 和 255,因此下限空格填入 0,上限空格填入 255。

哇！控制通道都設定好了，接下來要做什麼呢？

現在要用 BlocklyDuino 寫程式！

前面有說明過，因為智慧風扇有分成手動模式和自動模式，所以我們程式的邏輯流程（思路）就像下圖：

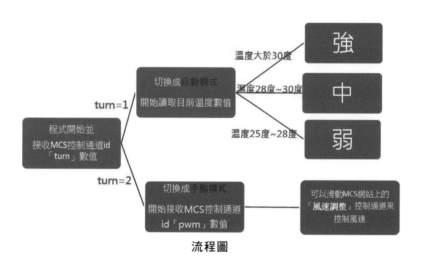

流程圖

我們再一次說明程式的邏輯流程。一開始程式開始運作，準備接收 MCS 控制通道的 id 為「turn」的數值，id 可以想成是辨別控制通道的名稱。

如果 turn 的數值是 1，那程式就會切換成自動模式，同時開始讀取目前所在場地的溫度數值；如果 turn 的數值是 2，那程式會切換成手動模式，同時開始接收 MCS 控制通道的數值，而這個控制通道的 id 叫做「pwm」。

如果程式是自動模式,因為程式已經開始讀取目前所在場地的溫度數值,所以我們可以進一步設下一些溫度條件:超過 30 度,則風扇轉速是強;溫度在 28 到 30 度之間,風扇轉速是中;溫度在 25 到 28 度之間,風扇的轉速是弱。

如果程式是手動模式的話,我們就可以在 MCS 網站上,用滑鼠滑動「風速調整」滑桿,透過控制通道以控制風速。

有了上面完整的程式流程後,我們就可以用 BlocklyDuino 寫程式。我們會需要「DHT22」的積木,可以在【Grove】【感測器】類別的抽屜中找到:

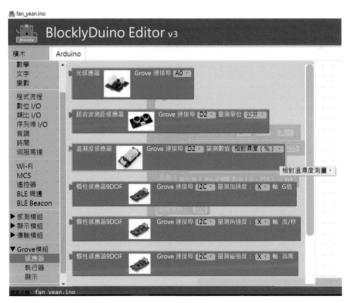

DHT22 積木

第一步:一開始我們會需要三個資料通道,分別是二個控制的通道,和一個顯示的通道,請看下面圖片的黃標 1、2、3,綠色部分的名稱就是我們剛剛提到過的 id:

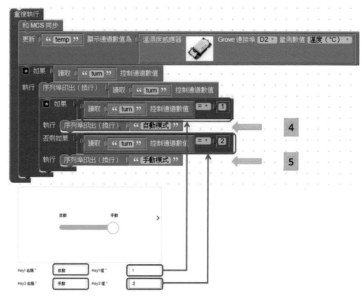

第二步：當我們決定要是自動模式還是手動模式時，就依照控制
通道的辨識名稱（id）「turn」的數值決定。如果 turn
數值是 1，就會執行黃標 4 號內容的自動模式；如果
turn 數值是 2，就會執行黃標 5 號內容的手動模式。

黃標 4 號的內容和黃標 5 號的內容積木如下：

在這裡我們跟大家解釋一下黃標 4 號的程式邏輯。如果我們的程式去讀取控制通道 pwm 的數值，程式就會執行「序列埠印出（換行）」這個指令，把讀取到的控制通道 pwm 的數值，以換行方式印出在 LinkIt 7697 的序列埠視窗上。

接下來，程式會執行類比寫入這個指令，先是 4 號腳位（Pin4），去讀從 MCS 雲端服務來的控制通道 pwm 的數值，控制馬達的轉速；之後是 5 號腳位（Pin5），把 5 號腳位的數值固定為 0。

為什麼要讓 4 號腳位有數值，而 5 號腳位的數值一直是 0 呢？這樣子可以讓馬達固定朝一個方向轉動。
在手動模式下的 LinkIt 7697 開發板的 4 號腳位會去取得從 MCS 雲端服務（還記得嗎？忘記了趕快翻到前面看一下！）來的控制通道 id（id 就是控制通道的名稱）「pwm」的數值，進一步控制馬達轉動的速度！

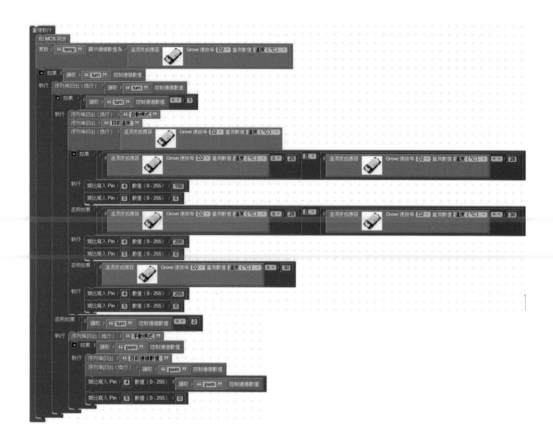

　　可以對應第 156 頁流程圖，當上面的程式都完成後，我們將程式上傳到 LinkIt 7697 開發板，打開 LinkIt 7697 的序列埠視窗。如果會出現下面圖片當中的連線成功、自動模式和手動模式的圖示，就代表我們成功了：

這是最後的成品圖，我們是不是讓風扇變得很聰明呢？趕快自己做一台！

換你試試看

1. 除了在 MCS 上顯示溫溼度感測器的溫度外，也讓它顯示出目前感測器的溼度。

2. 可以嘗試換成不同類型的感測器，例如，可變電阻、光感測器⋯⋯等等，讓它顯示出量測到的數值在 MCS 上。

3. 增加智慧風扇的功能，例如 25 度以下時，關閉風扇。

筆記欄

筆記欄

筆記欄

智慧物聯網大冒險 - 4P程式指南

發 行 人：邱惠如

作　　者：CAVEDU 教育團隊 許鈺莨、趙偉伶

總 編 輯：曾吉弘

技術總監：徐豐智

執行編輯：江宗諭

業務經理：鄭建彥

行銷企劃：吳怡婷

美術設計：Shelley

出　　版：翰尼斯企業有限公司

地　　址：臺北市中正區中華路二段165號1樓

電　　話：（02）2306-2900

傳　　真：（02）2306-2911

網　　站：shop.robotkingdom.com.tw

電子回函：https://goo.gl/forms/gaMGB6u5n0AuMWwG3

總 經 銷：時報文化出版企業股份有限公司

電　　話：（02）2306-6842

地　　址：桃園縣龜山鄉萬壽路二段三五一號

印　　刷：博客斯彩藝有限公司

■二〇一八年十二月初版

定　　價：480元

Ｉ Ｓ Ｂ Ｎ：978-986-93299-4-1

國家圖書館出版品預行編目資料

智慧物聯網大冒險：4P程式指南 / 曾吉弘等
著／-初版.-臺北市： 翰尼斯企業，2018.12
面； 公分

ISBN 978-986-93299-4-1(平裝)

1.微電腦 2.電腦程式語言

471.516　　　　　　　　　　　107013029